はじめての森田療法

北西憲二

講談社現代新書

2385

はじめに

職場や学校、家庭などで、一見ふつうの社会生活を送っているように見えていても、内面では仕事に行き詰まっている人、対人関係で悩んでいる人、生きていく自信が持てない人、何かと心配が尽きない人……そんな人はたくさんいらっしゃいます。

森田療法の考え方は、そのような私たちの抱える悩みから抜け出るヒントを与えてくれます。

森田療法の原理は実はシンプルです。

「あるがままに生きる」ということです。

シンプルですが「あるがままに生きる」、つまり、あるがままに自分を受け入れる、あるがままに自分を表現するのは、とても難しいことです。

どのようにしたら、そう生きていけるのでしょうか。

みなさんの中には、森田療法と聞くと、いかがわしいもの、科学的な根拠が無いもの、というイメージを持たれている方も多くいらっしゃるかもしれません。また、現代にはそぐわない、過去の古めかしい療法という印象をお持ちかもしれません。

実は私も精神科医になりたての頃はそう思っていました。

私は東京慈恵会医科大学を一九七〇年に卒業し、精神療法を学びたいと考え、精神科の医局に入りました。森田療法の中心地である慈恵医大では、森田療法に基づいて、治療のメインとなる入院治療と、補完的な外来による治療が行われていました。初めてそれらを見聞きした率直な印象は、お説教くさいな、辛気《しんき》くさいな、というものでした。一九七〇年代の日本では精神分析が精神療法の世界を席巻し、そのきらびやかな概念、そして用語に惹かれました。ですが一方で、そこに入りきれない自分がいました。

卒業して二年後、スイスのバーゼル大学のうつ病研究部門に留学する機会を得ました。そこで精神療法の専門家たちから「森田療法を知っているか」と聞かれました。彼らの理解は、禅の考え方に基づいた訓練的・修行的な精神療法で、西欧の対話を重視する精神療法とは全く異なり、自分たちには無縁なもの、権威に従順な日本人だから可能なもの、というものが主でした。私は、それは違うと思いましたが、私自身、そのような見解を覆す知識も経験もありませんでした。

帰国後、歯がゆく思った私は、当時の主任教授、新福尚武《しんふくなおたけ》先生に入院森田療法を行っている慈恵医大第三病院への赴任を願い出ました。数年後、その願いが叶い、慈恵医大第三病院精神科診療部長に任ぜられることになりました。

当初は何もわからず、数名のスタッフと一緒に入院森田療法に携わっていました。入院治療中の患者さんと一緒に過ごし、面接をしているうちに、あることに気づきました。入院森田療法の治療の枠組みを守れば、患者さんは自然とよくなっていくということです。入院前には、あれほど苦しんでいた患者さんの表情が、治療後は明るく生き生きと変化していくのを目のあたりにしました。

なぜだろうと思いましたが、その当時は理由を言葉で十分説明できませんでした。これでは森田療法は生き残れない、と痛切に思いました。そして、西欧の精神療法に押され気味であった日本の森田療法の現状に強い危機感を持ったのです。

そこで第三病院のスタッフと共に、言葉による介入法に取り組み、他方では、西欧の精神療法についても学び、それを森田療法の理解に役立てようとしました。また、外来での治療にも応用していきました。

そのような試行錯誤を経て現代人に即した対話型の治療が確立されていきました。そして私は次第に森田療法の魅力にとりつかれていったのです。

その後、大学を離れてからは、一九九六年にクリニックを開業し、新しい森田療法を実践してきました。入院ではなく外来で行う対話型の「外来森田療法」です。

治療に約四十年携わってきた私自身の経験をとおしてわかってきたことは、森田療法は悩みの深刻さにかかわらず、幅広い人たちに効果があるということです。

森田療法は患者さんだけのものではありません。治療者にとってもその知恵は必要です。私自身が治療に行き詰まり、また自分自身の人生に行き詰まったときに、森田療法の考え方が私自身を救ってくれました。治療でも、自分の人生でも、うまくいかないことを「あるがまま」に認め、受け入れることから、より柔軟な生き方が見えてきたのです。そして、このような人生の行き詰まりは、これからも起こってくるでしょう。森田療法を行うということは、患者さんのみならず、治療者も成長に導くものです。生病老死が避けがたい私たちの人生を生きていくうえで、必要な知恵であり、そこに森田療法の尽きせぬ魅力があると私は考えています。

本書は、森田療法に関心を持つ方のための入門書です。

謎めいたものとも考えられがちな、森田療法の考え方や現在の治療の実際を、できるだけわかりやすく説明しました。読者のみなさんが、読みながら、「ああ、そうなのか」

と、自分自身を理解し、悩みから抜け出せるようなアイデア、実践のヒントを伝えられるように工夫しました。

第一章では、森田療法とはどのように生まれたのか、その歴史的背景について述べます。

森田療法の創始者は森田正馬（もりた・しょうま／まさたけ　一八七四―一九三八）という人物です。森田が生きた時代は、明治から昭和初期にかけての日本が大きく変化していった時代です。当時、多くの青年たちが新しい時代に適応できずいわゆる「神経衰弱《しんけいすいじゃく》」（今でいう神経症）で悩んでいました。森田自身、同様に悩み、苦しみ、その悩みを解決したくて精神科医となり、みずからの経験に基づいて森田療法をつくりだしたのです。

森田の生涯をたどりながら、森田療法とはどのようなものか、どのような人たちの悩みの解決に役に立つのか、について述べていきます。また、森田療法のメソッドは時代とともに変わってきましたが、現代の新しいメソッドとはどのようなものなのか、についてもふれます。

第二章では、森田療法の考え方について12のキーワードをもとにお話しします。

森田療法は、しばしばわかりづらい、難しいと言われます。そこで、「あるがまま」「とらわれ」「理想の自己と現実の自己」など、その本質を表すいくつかのキーワードを具体的なエピソードも交えながら解説するかたちで、説明します。

最後の第三章では、現在の森田療法の現場ではどのような治療が行われるのか、実際に私が行っている臨床を具体的に紹介します。悩みを抱える人が、どのように変化して、その悩みから抜け出していくのかについて述べていきます。森田療法の治療とは、治療者が治すのではなく、当事者が治療者を随伴者として、悩みを克服していく変化のプロセスそのものです。

悩みに直面するということは、今までの生き方が行き詰まっているというサインです。ですが、ピンチは同時に、生き方を変えていくチャンスでもあります。悩むことは意味のないことではなく、自分が成長するチャンスなのです。

苦しい悩みのトンネルを抜けると、今までと違った心のあり方、現実が見えてきます。そして心は今までよりも自由になり、柔軟になり、行動も自在となります。

本書を通して、森田療法を知っていただき、悩みとの向き合い方のヒントをつかんでいただけたら、これに勝る喜びはありません。

目次

第一章　森田療法の確立と展開

1　森田正馬の人生と森田療法

森田療法のイメージ

皆さんは、「森田療法」と聞いて、どのようなイメージをもつでしょうか。宗教的色彩の強い、特に禅との関係が深い精神療法、などでしょうか。

少し詳しい方は、西欧で発展した対話による精神療法とは異なり、臥褥療法（入院して、遮断的環境で一週間は、ひたすら床に臥していること）、患者さんの悩みを不問として、作業への取り組みを指導する修行的な精神療法とイメージするかもしれません。そして自分には、あまり関係がないな、と思われるかもしれません。

森田療法は日本で生まれた精神療法ですが、残念ながら今でもそのような理解がなされているのが現状です。

西欧の精神科医たちの理解も、そして残念ながら日本の精神科医、心理療法家、あるいはメンタルヘルスの専門家の理解も上述のイメージと同じようなものです。それはある面では正しいものですが、最も重要な点を見逃しているといわざるを得ません。それは人生で遭遇する困難さ、苦悩、行き詰まりによって起こる悩みや苦しみに対する森田療法の問題解決の知恵です。その知恵を簡潔に表した言葉が「あるがまま」という言葉であり、それは東洋における人間理解に基づいています。

例えば、苦しみのもととなる過剰な欲望を、原始仏教では渇愛《かつあい》（のどの渇きで水を欲するように私たちが、さまざまな欲に執着すること）と呼びました。森田療法はこの渇愛から生じる苦悩を解決する精神療法です。

渇愛は自分と他の人に執着する欲望です。これらの過剰な欲望に基づく生き方の背後には、他人の目線にとらわれた受け身な生き方があります。悩むのは、人からの評価で自分を見ているからです。人に良く思われたいと気を遣い失敗を恐れてばかりいては、元から持っているはずの生きる力、その人本来の「あるがまま」を発揮できません。

森田療法を生み出した森田正馬は東洋の知恵に通じた人でした。その人生の軌跡をたどることから、森田療法の持つ知恵を説明したいと思います。

森田療法が生まれた明治・大正という時代

森田正馬（明治七年・一八七四年生まれ―昭和一三年・一九三八年没）が生まれ育った時代とはどのような時代だったのでしょうか。

明治・大正の時代は、異文化がぶつかり合う時代でありました。圧倒的な力をもった西欧文化・文明が日本に導入され、日本人の価値観や行動様式を根本からゆさぶったのです。森田療法の成り立ちとその人間理解を知るには、この時代の日本の知識人が経験した西欧文化との関わりと葛藤に目を向ける必要があります。明治・大正期の心ある知識人、哲学者、宗教学者、精神医学者は、一方で西欧的なものを積極的に取り入れ、他方では東洋の知恵を再発見して深化し、新しい学問体系を作る糧《かて》としました。

森田もこの時代の申し子です。西欧医学を学び、それを積極的に吸収しながら、他方では自ら経験し、観察し、そして治療した事実を重視しました。むしろ、それしか信用しなかったと言ってよいでしょう。彼は、自分の経験や見聞と合致しないものは、それを鋭く批判しました。ただの西欧文化の紹介者とは違います。

またこの時代は神経衰弱の時代です。社会体制や価値観が大きく変化することで、人々の流動性も飛躍的に増え、田舎から都会に移住してそこで教育を受け、職業につく人たちも増えてきました。このような時代には人々の不安、ストレスが高まります。それが「神経衰弱」という病の流行として現れてきました。これは現代の言葉で言えば、不安、抑うつ状態に該当します。この「神経衰弱」という概念はすでにありませんが、ある意味ではうつ病が国民病の一つとなっている現代を彷彿《ほうふつ》とさせます。

森田は、若年期からその神経衰弱に悩み、その解決に心血を注ぎました。

森田正馬の人となり

森田は高知県（土佐）の生まれです。

森田正馬は明治七年（一八七四年）、森田家の長男として生まれました。

森田の人生の背景はやや複雑です。

父正文《まさふみ》は、二一歳のときに森田家の養子となり、森田の母亀女《かめじょ》と結婚しました。妻より四歳年下です。母亀女は、一九歳のときに結婚して長女をもうけましたが、夫婦仲が悪くて離婚、二五歳で正文と再婚しました。

結婚した翌年に正馬が生まれました。森田家は郷士《ごうし》であり、けっして裕福な家ではなく、父正文も小学校の代用教員をしながら農業を営んでいました。郷士とは、「江戸時代、武士でありながら城下町に移らず、農村に居住して農業をいとなみ、若干の武士的特権を認められたもの」（広辞苑第六版）です。土佐藩の身分は、大きく上士《じょうし》と下士《かし》の二つに分かれます。上士は、「家老、中老、馬廻組《うままわりぐみ》、小姓組、留守居組《るすいぐみ》」でいわゆる藩士で、藩の行政などを司っていました。下士は「郷士、用人《ようにん》、徒士《かち》、足軽、小者《こもの》」の五つです。土佐藩における郷士は下士の上位に位置するとはいえ、他の藩士と徹底的に差別されたといわれます。明治維新の時に尊王攘夷論者として活躍した武市《たけち》半平太《はんぺいた》、坂本龍馬などの多くは、この郷士出身者でした。そして同じ藩士でありながら、上士とは潜在的に対立、反発があり、幕府や藩の権威が衰えた幕末には、土佐郷士の多くが尊皇攘夷運動に身を投じました。

土佐の県民性は、〝いごっそう〟で、新しいことにチャレンジする進取の気性に富むといわれます。〝いごっそう〟とは、頑固で気骨のある人のことです。森田も典型的な土佐の人でした。反骨精神にあふれ、負けず嫌いで強烈な自己主張の人でした。また、新しいものを目指してしつこく取り組んでいく人でもありました。この性質が森田療法という独自の精神療法を創始する原動力となったのです。

郷士出身者の父正文も、誠実で他人にへつらうことが嫌いな正直者で、虚栄を嫌う人であったといいます。独立自尊の精神をもち、自分の家を自分で作り、それまで経験のなかった農作業を独力で行いました（野村章恒『森田正馬評伝』白揚社、一九七四年）。そして正馬に対して、厳しいしつけをしました。農作業を行う際は、細かい観察を行い、農作物の収穫に役立てたということです。正馬の細かく精神現象を観察しそこから理解しようとする態度は、父親似でしょう。

母親は男勝り、勝ち気。熱中しやすい性格で、また世話好きな人でした。二度ほどうつ病にかかったと思われます。一度は、自分の母親が亡くなったとき、そして二度目は四三歳のときです。いずれもある時期を過ぎるとケロリとよくなったようです。母亀女の性格は、神経質に物事をいろいろと悩み苦しむというよりは、執着気質と呼ばれるもののようです。この執着気質とは、正馬の大学の後輩ですぐれた精神医学者であった下田《しもだ》光造《みつぞう》が提唱したものです。

下田は執着気質を次のように描写しています。

一度起った感情が正常人の如く時と共に冷却することがなく、長く其強度を持続し或は寧ろ増強する傾向をもつ。此異常気質に基づく性格標識としては、仕事に熱心、凝り性、徹底的、正直、規帳面、強い正義感や義務責任感、胡麻化しやズボラが出来ない等で、従って他から確実人として信頼され、模範青年、模範社員、模範軍人等と賞められて居る種の人である。

(『米子医学雑誌』、一九五〇年)

森田の母は熱心な働き者、そして人情にあつく、世話好きでした。先ほどの下田光造の言い方にあてはめれば模範妻・模範母です。物事に熱中しやすく、対象にのめり込む執着気質といえます。正馬の熱中性は、執着気質を持っていた母親の影響があったかもしれません。

また執着気質は、愛する対象への執着が強い人でもあります。母が正馬に強い愛情を向け、息子を誇りとし、その世話を人生の最優先課題としたことは疑いもない事実です。たとえば正馬が大学に入って上京した次の年には、新婚の妻久亥《ひさい》ではなく母親が彼の世話をしました。郷里に夫や他の子どもたちを残しても世話しなくてはならないと思うほど、母親にとって正馬は「特別な子ども」でした。

両親それぞれの性格を引き継ぎつつ、父親の厳しいしつけと母親の溺愛が相まって、森田の繊細さ、心配性が助長されました。

死の恐怖をめぐって

厳しい父と溺愛する母の間で育った森田は、幼少時期から活発、好奇心が強い反面かなり神経質でした。九歳ごろ村の真言宗の寺、金剛寺の持仏堂で極彩色の地獄絵を見て、死後のことを思い、死の恐怖に襲われ、夢にうなされる経験をしました。これが彼の人生を決めることになります。いわゆる生死の問題が森田の心から離れがたいものになりました。

そして、子どものころからの死の恐怖をいかに克服するかが、人生上の最大テーマとなったのです。

また、本人の日記によると、かなり年長になるまで夜尿があったといいます。明治二〇年(一八八七年)、一四歳のときに知人宅に下宿しながら、高知県立中学校に通い出しました。入学したのが一四歳で卒業したのが二二歳です。中学の五年のコースを八年で卒業しました。

中学二年生、つまり一五歳のときから心臓の病で悩み、二年間も医療を受けることになります。しかしそれは、心臓そのものの病気ではなく、当時でいう神経衰弱、つまり神経症であったことが後にわかります。森田の本格的な神経衰弱の始まりです。この神経衰弱を引き起こしたものは、子どものころに襲われた死の恐怖だったと考えられます。

神経衰弱と父への反抗

一九歳のとき、中学の寄宿舎に入った正馬は腸チフスにかかり、弟による献身的看病で回復します。治癒して自転車を乗り回していた夜、急に心悸《しんき》亢進《こうしん》、悪《お》寒《かん》戦慄《せんりつ》の発作と死の恐怖に襲われました。再び森田の基底にある恐怖がよみがえってきたのです。その夜はただちに医師を迎えに行き、下宿の人々も大騒ぎでありました。しかし翌日には、発作もなくすっかり落ち着いていました。その後、ときどきこのような発作に悩むことになります。

彼の自己診断では発作性神経症ですが、今でいうパニック障害です。パニック障害とは、突然に起こる激しい恐怖や不快感で、動悸、息苦しさ、死の恐怖などを感じます。通常は数分間でその恐怖、不快感はピークに達しますが、そのような経験をすると、通常、また起こったらどうしよう、と予期不安を抱くようになります。彼のそれまでの病歴を見ると、パニック障害と身体へのとらわれ、対人恐怖などが主たるものであったようです。

明治二八年（一八九五年）、森田は八年かけて中学を卒業しました。父親は彼が身体虚弱であること、学費が続かないことを理由に高等学校への進学を許しませんでした。ここで森田の反骨精神が発揮されます。大阪のある医師が医学志望者を募り、学費を援助してくれることを知って、彼はその家の養子となります。父への反抗ですが、時代を考えるとこの行動は大胆です。まさに〝いごっそう〟の面目躍如です。ここに、後の時代になって、権威に迎合せず独自の精神療法を打ち立てた森田の性格が見られます。

こうして熊本第五高等学校に入学します。森田が熊本の五高に入ってまもなく、学費の出所が大阪の医師であることを知った父親は驚き、はるばる熊本に飛んできました。そこで父親は、従妹との結婚を条件に将来の学費を支払うことを約束します。この従妹が後の夫人、久亥で、病弱な森田の世話や彼が自宅で森田療法を始めたときに、裏方としてその治療を支えました。

無事に学費を父親に出してもらうことに成功した森田は、学業にも精を出すようになり、中学時代よりはるかに成績は良くなりました。そして、当時の若者らしく青春を謳歌しました。土佐出身者の集まりである土佐会の幹事となり、多くの友人と交わっていたようで、周囲からは変人、ひょうきん者と見られていたようです。

一方で、中学時代に増して、年に数回パニック障害の発作を起こしました。二三歳のときには、何か言おうとすると心臓が止まるような激しい恐怖に襲われ、驚いた母親が医者を呼んで、やっと落ち着きを取り戻すということもありました。

森田はこのようなパニック障害やさまざまな体の不調へのとらわれ（体の些細な不調を過度に心配すること）に悩みました。幾度となく死の恐怖を体験したことから、医学を志し、なかでも精神医学を専攻したいという思いを強めていきました。

また同時に、一八歳ごろから、おそらく本人の死の恐怖に基づくものと思われますが、宗教に興味をもちました。宗教の他にも奇術、迷信、奇跡、呪詛《じゅそ》、骨相、人相の書を読みあさるようになります。「東洋哲学」「仏教史」「奇術新報」などの雑誌も愛読していました。彼の思想の背景がよく理解されるとともに、人間の心の現象や働きに強い関心を抱いた好奇心あふれる若者であったことが窺えます。

森田は腹式呼吸、白隠禅師《はくいんぜんし》の内観法なども試みます。結果として悩みは解決しなかったものの、このような試みは、後に森田療法の理論をつくり、また悩んでいる人たちの心理を知る上で役に立ったようです。とくに仏教、なかでも禅と浄土真宗の考え方は、後に治療の武器となりました。

恐怖に突入すること

さて回り道はしましたが、一八九八年(二五歳)に東京帝国大学医科大学に入学しました。大学入学後も相変わらず死の恐怖に基づく多くの身体症状にとらわれ、受診した内科で神経衰弱及び脚気《かっけ》と診断され、治療を受けていました。多くの薬も処方されていたようですが、やはりよくなりません。

進級試験を前に悶々として勉強に身が入らず悩んでいたときのことです。森田は父からの学費の送金が遅れたように思い込みました。父親への反発もあり、ここで今までとは違った行動に出ます。

追いつめられた森田は、必死の思いで背水の陣をとり、今まで飲んでいた薬や治療を一切やめてしまったのです。そこで本来の生きるエネルギーや負けず嫌いの性質が頭をもたげました。そして、目の前の試験勉強に必死に取り組みました。そこで驚くべき体験を彼はしました。彼を長年にわたって悩ませ、苦しめてきた神経衰弱や脚気の症状は一気に軽快し、試験の成績もよいものでした。

一般に西洋由来の精神医学では症状を目標にして、それを軽減するような手段を講じます。それは薬物療法や西欧での精神療法、行動療法や認知行動療法も同じような発想です。しかし森田は悩んでいた症状は放っておいて、どうにでもなれと開き直り、試験に合格することに取り組みました。つまり、症状をそのままにしながら、目の前の作業に入り込むことで、症状が劇的に改善したのです。そして次第に彼の神経衰弱は影を潜めていきました。このことは、後年森田療法において不安にどう対処するのかという原則に通じます。

治療法の確立を目指して

明治三五年(一九〇二年)に東京帝国大学医科大学を卒業した森田(二九歳)は、父親の反対を振り切ってただちに精神医学を専攻し、当時精神医学担当であった呉秀三《くれしゅうぞう》教授の門に入りました。この時期の森田は意気軒昂《いきけんこう》で、自ら悩んだ神経衰弱の研究と治療に積極的に取り組んでいこうと決意します。大学院生となり、研究題目として「精神療法に就いて」という論考を提出したときには、指導教官であった呉教授は何の注意も与えず、何だか賛成しないような顔つきでした。森田はそれを、はなはだ物足りなく感じたようです。

呉秀三（一八六五年生まれ―一九三二年没）は東京帝国大学医科大学教授で、日本の近代精神医学の基礎を築いた人です。当時は、ドイツの近代医学が導入されたばかりの時代です。ドイツ精神医学の潮流は、近代精神医学の父ともいわれるクレペリンの提唱する精神病分類とそれを裏付ける身体的原因の探索でした。そのクレペリン教授のもとに留学し、ドイツ精神医学をいち早く導入したのが呉秀三でした。

呉教授から見れば、森田の研究テーマは破天荒なことであり、たいへん当惑したにちがいありません。精神病の分類をようやく論じ始めた段階において、神経症の治療法である精神療法に興味をもち、研究に従事しようという森田の試みは、きわめて先進的なものだったからです。それは西欧でも同様で、神経症の新しい理解の方法を示したフロイトの精神分析も、考え方が新しすぎたために、当時の医学界からは黙殺されていました。

しかしながら、大学という権威に森田がまったく相手にされなくなったわけではなく、その年の夏には、郷里土佐の「犬神憑《つ》きの調査」を願い出て大学から許可され、高知県知事の紹介状をもらいます。東京帝国大学出の医学士として郷土に錦を飾った森田は、さぞ満足を味わったことでしょう。

青年期から憑依《ひょうい》現象に興味をもっていた森田には、きっとかなりの知識があったにちがいありません。この成果は「土佐ニ於ケル犬神ニ就テ」（一九〇四年）としてまとめられ、現在なお、このような祈禱《きとう》中に起こる憑依現象について必ず引用される業績です。この時期は、少しずつ神経症的なとらわれから抜けつつあった森田が、颯爽と精神医学界に登場した時期でありました。

一九〇九年（三六歳）ぐらいまでは、学会にさまざまな研究発表を行っています。一九〇九年には「神経衰弱性精神病性体質」と題した論文を発表しました。そこで彼は、当時ほぼ世界を席巻し認められていたアメリカの内科医ベアードの提唱した神経衰弱の考え方を受け入れながら、一方で自らが経験し観察した、体の調子を過度に心配し、注意を集中させ、重大な病気ではないかと解釈する心の作用が、悩む人たちにも見いだせることに気づいていました。そして、いわゆる神経衰弱（神経症）の原因を体質と小児期の養育過程に求め、治療として規則正しい生活を送ることと過度な刺激を避けることを重視しました。ここにすでに、森田療法の萌芽を見ることができます。

また一九〇三年に、慈恵医院医学専門学校（後の慈恵医大）の精神病理学講義を指名され、開講しました。いわば現在の感覚で言えば、非常勤講師のようなものです。それとともに、神経症の治療に試行錯誤しながら取り組んでいきました。

森田は、三〇歳のころから自宅で開業し、往診などもしていました。明治四五年（一九一二年）、三九歳のときに、「門に診察の看板を出す」と日記に記載があります。

さて、森田が三二歳のころの話をしましょう。この時期には、根岸病院の顧問を務めながら慈恵医院で講義もして、経済的にも安定していました。そのような状況で、森田の指導教官である呉教授が、千葉医専への赴任の打診にきたのです。『森田正馬評伝』はこう記しています。

明治四十年五月末になって、医学専門学校令によって、精神病学の専任教授を置いて講座を担任しなくてはならない制度が実施されるようになった。せっかく、根岸病院に勤めて生活も安定し、研究意欲もたかまっていたときであった。五月二十七日の午後、正馬は巣鴨病院の研究室にいた。そこへ呉教授が入ってきて「千葉医専教授に赴任する意志はないか」と尋ねたのであった。……正馬は、官立の千葉医専の教授は高等官六等で従六位の地位であることを知っていた。……六月十一日午後正馬は呉教授に面会して、千葉医専の教授に転出することを断念した旨を答えた。……当時の教授の指名は至上命令ともいうべきものであったが、正馬は迷いに迷ったあげくに教授に復命したのであった。

森田が千葉医専に行っていたらどうだったのでしょうか。果たして森田療法は生まれていたでしょうか。当時の感覚としては、官立の医専への赴任はたしかに大出世でした。しかし森田は、迷いに迷って師匠の命令に背き、自由な開業医の道を選びます。森田がかつて父に反抗したように、その反骨精神でもって、東大の呉教授という権威に対して反発したとも考えられます。官立の医専の教授であれば、安定と権威は得られます。しかしながら、縛られることも多くなることでしょう。固有で自由な生き方を重視したのでしょうか。これも〝いごっそう〟である森田らしい選択ともいえましょう。新しい精神療法を作り出すためには、今までにない柔軟で、自由な発想を必要とします。森田のこのように自由な生き方そのものが自由な発想を可能にし、結果、森田療法を生んだのです。

行き詰まりの時代

しかしその後の十年間、森田の学術活動に見るべきものはほとんどありませんでした。沈黙の時代、あるいは行き詰まりの時代です。森田はこの十年間、神経衰弱者の治療に心血を注ぎ、さまざまな試行錯誤と挫折を繰り返しました。

薬物療法や催眠術を試みましたが、思ったほど効果を挙げられませんでした。パニック障害に試みたところ成功して自信をもった、今までの治療経験に基づいて合理的に患者さんを納得させようとする説得療法《せっとくりょうほう》の効果も、限られたものであることがすぐにわかってきました。とくに当時の青年期の代表的な悩みであった人前で顔が赤くなることを恥ずかしく思い、人に変に思われるのではないかと恐れる赤面恐怖《せきめんきょうふ》にはほとほと手を焼きました。赤面恐怖に代表されるような、人前で緊張し、不安を抱き、それゆえに人を恐れる人たちを森田は対人恐怖と名付けました。森田はそのような恐怖を受け入れるように説得したり、さまざまな治療法を試みました。しかし効果が出ず、治らぬもの、不治の病とさじを投げそうになったのです。

一方、根岸病院（精神科病院）で精神病者の治療活動として、作業、仕事、運動、レクリエーションなどに取り組む作業療法を積極的に推し進め、その経験を積んでいきました。また、ビンスワンガーの生活正規法を応用して日常生活の正確な時間割を作り、休息、読書、散歩、作業などを組み合わせ、神経衰弱の治療に当たりました。苦悶状態や精神病の急性期の人たちに刺激を遮断した臥褥療法を試み、ある程度の効果を得たこともありました。しかしどれもこれも、その効果は一時的でした。このように、森田は当時知ることができた西欧から導入されたさまざまな治療法を試み、神経衰弱の治療に当たったのですが、十分な効果は得られなかったのです。

ですが、森田は独自の精神療法の確立をあきらめませんでした。このしつこさこそ、森田の性格の特徴の一つです。

この性格が不安や恐怖、悩みを取り除こう、という方向に向かうと、それ自体にこだわるためにとらわれてしまい、悩みからなかなか抜けられません。神経衰弱に悩まされた思春期から青年期までの彼はそうでした。しかし自分が取り組みたいことを見つけた森田は、さまざまな挫折にもめげず、しつこさを活かしてそれを追求していきました。

悩む人はこだわりとらわれる人です。ですが、その根っこにはこのように粘り強く生きる力があるのです。

この十年の治療者としての挫折、失意、行き詰まりなどの経験が、結果として後に森田の治療の凄みとなって生きてきます。

新しい治療法の発見

では森田はどのようにしてそのような執拗に対人恐怖を訴える人たちの治療に成功したのでしょうか。

彼が四六歳のとき（一九一九年）、知人を自宅に預かり、自宅で治療を行ったことが新しい治療法の発見につながりました。初めて赤面恐怖の患者を治すことができたのです。その間の事情について、森田は日記にさりげなくこう書いています。

此月……看護長の久しく神経衰弱に悩めるを余の家に静養せしめて軽快す。……此事ありてより自宅に神経質を治療するの便を知り、次第に入院を許し、此年十人の入院患者ありたり。……之れ赤面恐怖は治癒せざるものとあきらめ居たること多年なりしに初めて之を全治せしめたる第一回なりしなり。

（「我が家の記録」『森田正馬全集第七巻』白揚社、一九七五年）

以前は現在の療法を施行したことがありましたが、作業療法の点で思うようにいきませんでした。また森田の家の近くに下宿させて治療したこともありましたが、やはり思ったような効果が得られませんでした。そして日記に書かれているように、自宅という患者さんに安心感を与える家庭的環境の中で、森田自らの厳しい作業指導のもとに、日常の生活に即した作業を行わせることによって、治療が効果を挙げたのです。この入院療法を森田は、家庭的療法と呼びました。

西欧の多くの治療法は症状の軽減、消失を目標としていますが、ここに大きな違いが存在します。森田療法は、患者の訴える症状を直接取り上げず、日々の生活に入り込むことを指導することで問題の解決を図ります。これは患者の持つ生きる力を引き出し、目の前の作業を通してその力を発揮させることによって、回復を図るという治療戦略です。そのような治療戦略に適しているのが、家庭という治療の場だったのです。

こうして、森田療法が誕生しました。

森田は、次第に自らの創始した治療法に自信を深めていきました。森田自身はこの療法を「神経質の療法」「余の特殊療法」「自覚療法」「自然療法」「作業療法」などと命名しましたが、次第に彼の名を冠して森田療法と呼ばれるようになりました。それだけ創始者である森田の印象が強いということかも知れません。

そして、森田は堰を切ったように、森田療法に関するさまざまな著書を発表するようになります。『神経質及神経衰弱症の療法』（一九二一年）、『神経衰弱及強迫観念の根治法』（一九二六年）及び彼の博士論文をもとにした『神経質の本態及療法』（一九二八年）が代表三部作と呼ばれます。

当時の入院森田療法

森田が行った入院森田療法は、臥褥期（社会、家庭から離れ、四〜七日間、トイレ、食事以外は終日寝ている事を要請される時期、患者が退屈感を覚えたら、次の時期に移行する）、軽い作業期（外出は許されず、家の中での軽い作業、観察をする時期、約一週間）、重い作業期（さまざまな生活を維持するための活動、作業を行う。作業は、食事の支度、風呂を焚くこと、動物、植物の世話など多岐にわたった）、複雑な実際生活期（社会復帰の準備をする時期）の四期としました。そこでは気晴らし行為などは禁じられ、その日その日の作業などへの積極的な取り組みが要請されます。

森田の治療を受けたある患者の日記から当時の入院森田療法の実際を見てみましょう。日記によると、臥褥六日間から起床したのち、軽い作業期、重い作業期の注意は次のようなものでした。文章は平易に変えてあります。

一、毎日、洗面直後および就寝直前の二回、古事記を音読すること。
二、臥床時間は、七、八時間を超えないこと。
三、毎夕食後、日記を書くこと。
四、昼間は一日中、戸外へ出て、夜間は他の室に随意作業をして、決して自室に閉じこもらないこと。
五、治療中は常に他の患者さんとのおしゃべり、ブラブラ歩き、口笛、歌を歌うこと、遊ぶこと、体操をすること、など、すべてきばらしになるようなことは禁じる。
六、臥褥の後の二日間は、体を使った作業、高いところの仕事、掃除などもしないで、草取り、落ち葉拾い、枯葉取り程度の軽い作業にとどめること（軽い作業期、四日〜七日）。
七、三、四日の後、次第にほうきでの掃除、雑巾がけなどのやや重い作業に取り組むこと。

八、二、三週間の後、作業に没頭できるようになると共に、読書も許可する。読書はいつでも、どこでも、文中の場所を選ばず、また覚えようとすること、理解しようとすることはしないこと（重い作業期、数週間）。

九、これより数日の後、買物など、簡単な用事のための外出を許可する（実際生活期）。

（森田正馬『神経衰弱と強迫観念の根治法』白揚社、一九二六／一九九五年）

このように現代人の目から見ると厳しい作業主体の入院生活です。しかし、今と違って、大家族で育ち、集団生活にもある程度慣れており、日常の家事手伝いといった作業なども身近だった当時の青年たちにとっては、たいして苦にならなかったのでしょう。

不問と行動的体験

ではさらに具体的に治療の方法について述べていきます。森田がこの療法を始める前に、不治の病であるとさじを投げた赤面恐怖（対人恐怖）の患者さんの体験です。

入院している間、先生からは一度も、話をするから集まれというような改まった講義はなかったのであります。先生の話は、現実にぶつかって、例えば庭に出られてそこにいた患者の作業ぶりにぶつかって、やむにやまれない気持ちから話が展開するのです。……ここでの生活は、入院するまでは思ってもみなかった生活であります。赤面恐怖に対する処置は何らしてもらえませんでした。頭痛に対しても何ら問題にしてくれませんでした。……わたくしたちは朝早くから起き掃除をし、ご飯も炊き、便所の掃除もしたのであります。これは普通の家庭での雑用仕事ということになります。……ここでの生活には緊張感があります。……なんの思慮もなくただ体を動かしておるという作業ではありません。そのようなお使い根性というか形だけの働きぶりは直ちに見破られて、先生あるいは奥様からやりこめられます。かくして、いつの間にか私たちは、対人恐怖も頭痛も消え、時間を惜しみ、物の性を尽くすという時々刻々の心の働きに、人生の感激と喜びを味わうようになるのであります。〈一九三一年（昭和六年）に森田の治療を受けた大西氏の経験〉

（大西鋭作『森田正馬生誕百年記念 講演集』「森田正馬先生の思い出」一九七六年）

さて読者の方はこの体験談からどのような印象を受けたでしょうか。

人は悩むと、まず原因は何だろう、としばしば原因を探します。そして多くは、過去の人間関係、出来事にそれを求めます。しかし私たちの苦悩は単に一つの原因に還元できません。原因を求める結果、その原因にとらわれてしまい現在を生きる力がそがれてしまうのです。

大西氏も最初は何らかの赤面恐怖に対する説明や処置を切望したでしょう。森田との対話を望みもしたでしょう。しかし症状に対する説明、対処などは一切ありません。これを森田療法では「不問療法」と呼びます。患者さんの悩みを話題として取り上げずに、目の前の作業に取り組んでいくことを厳しく助言します。次第に患者さんは、自分の症状（悩み）よりも、作業に没頭し、そこでの工夫に心を砕くようになります。大学生の森田自身が試験時に取った行動がまさにそうです。

しかもその作業とは、時々の状況により、臨機応変さを常に要請されるものでした。悩む人は、頭でぐるぐると考える人です。あれこれと予想して、石橋をたたき、たたき続け、踏み出すことが苦手な人です。それを厳しく戒めると共に、主体的な工夫のない、形だけの行動は厳しく指導し、時には叱りました。

家庭的療法

森田自身が家庭的療法とも呼んだ入院森田療法、またその家庭生活は、妻の久亥に負うところが多かったようです。

久亥は森田より一歳年下の従妹です。好きで夫婦になったわけではなく家庭の事情から、久亥が二二歳、森田が熊本第五高等学校三年で二三歳の夏に結婚しました。その後、森田が東京帝国大学医科に進み三学年になってから、夫婦二人の生活は始まりました。

若いころから酒飲みでよく友人を連れてきた森田のために、彼女はいろいろ家計を工夫し、苦労を重ねたようです。

二人の相違は、久亥は愛想よく人をもてなすけれども、余は我儘で、客も主人も、形式ばらず、自由に好きなようにするという主義で、お世辞などいわない・という処にある。例えば、夫婦喧嘩の最中にお客の来る時など、久亥は、今までの憤懣の感情も取ってのけたように、忽ちに温容になって愛想よくするが、余はそんな時でも、中々急には、苦虫顔が変らないで、プンプンしているという風である。……余は又格別の我儘者である。

（「久亥の思い出」『森田正馬全集第七巻』白揚社、一九三七／一九七五年）

わがままな正馬をなだめながら、家庭を維持し、友人をもてなして対外的にも力を尽くす久亥の奮闘ぶりが目に浮かぶようです。

さてこのような状況で、治療の実践が始まりました。

当時、森田家では、妻久亥、長男正一郎、お手伝いさん、のちには代診を務めた弟子たちが患者さんたちの生活を支え、治療に協力していました。森田は個別に面接することはなく、もっぱら入院している人たちを集めての講話、日記指導、それから実際の生活指導をしていました。実際、入院中、森田と一言も言葉を交わさなかった人もいました。

森田は「久亥の思い出」で当時の治療状況を回顧しています。

家庭的療法であるから、特に久亥の助力が大きかった。治療上の助手ともなれば、看護長ともなった。……創業時代は、なかなか妻の働きの必要があった。特に不潔恐怖の悩む人は、必ず一度以上は、妻に叱られ、泣かされて始めて治療の緒につくということが多かった。

五七歳の不潔恐怖の婦人は、発病来二二年で、所々の精神病院にも入院して来たが、余の所に入院中、手を洗いふける時、妻に洗面器を取り上げられて、縁側をジダンダふんで往復しながら、泣き叫ぶというようなこともあった。

また二〇歳の不潔恐怖の学生は、これも同じ妻に叱られ、泣き出したが「あまりいう事をきかなければ退院させる」といわれ、それから発憤して、まもなく全治し、学校も優等で卒業し、今はよい地位の職についている。……

全治退院後の人の妻に対する批評の中には「奥さんの小乗的指導と先生の大乗的御訓話

とは、共に吾々の得がたき修養であった」とか「先生には、直接指導を受ける事が心苦しいけれども、奥さんには、心安く質問する事が出来て都合がよい」とかいうような事もあった。

余は病院勤務があり、その他の仕事もあるから、直接に入院患者に接する時間が少ないけれども、妻は常に患者に、直接接するから、特に細かい処に、得難い体験がある。余の患者に対する講話も、自然に一般的になり易いが、妻は、具体的の事情を語る事が出来るから、却て患者に対する効果が多いのである。

（読みやすくするためにある程度現代文に近づけています）

入院している人たちは、むしろ久亥に頼り、そこでの具体的な作業を細かく指導してもらい、時には逃避的行動についても厳しく対応されたようです。そして森田が例え話などを使ってとらわれている状態に気づかせ、自覚を促していきました。森田を支え、裏方として、家計を支え、そして患者の作業を具体的に指導していった久亥が果たした役割は大きかったようです。久亥がいてこその家庭的療法であったことがうかがわれます。

このように、森田は家族を含めた自分の生活と治療を分けませんでした。森田学校と呼ぶ人もいたし、住み込みで修養するかのようでもありました。

森田神経質と治療成績

森田は、神経衰弱をのちに森田神経質と呼び、それらを三つのタイプに分けました。普通神経質、発作性神経症、強迫観念症です（これは現代では、神経症性障害あるいは不安症群、強迫症および関連症群、心的外傷およびストレス因関連障害群、身体症状症、そして抑うつ障害群、成人の自閉症スペクトラム障害〔米国精神医学会『ＤＳＭ－５　精神疾患の診断・統計マニュアル』二〇一四年〕などで、神経質な性格を併せ持つものです）。

抱えている苦悩、症状を何とかしたい、それを取り除きたい、と人は悩みます。このように悩む人たちは、生真面目で、物事に一生懸命取り組もうとする人たちです。完全主義的にもなりがちです。また目立ちませんが、多くの人たちは、負けず嫌いで、秘めたプライドを持っています。症状のために、一見すると怠け者に見えたり、現実逃避的に見えても、根は真面目なのです。一方心配性で、繊細さを持っているために、環境世界からの刺激で心身がゆれやすい傾向があります。そして意外に頑固なところがあり、「こうあるべき」（「べき」思考）という考えに支配されがちです。

森田自身もこのような性格を持っていました。そして、森田はこのような性格を神経質と呼び、森田療法の治療適応としたのです。

私は、この神経質を日本人の国民性と考えています。

では、三つの神経質のタイプが具体的にどのようなことで悩み、そして当時の森田療法の治療成績がどうだったのか、について見ていきましょう（この治療成績の報告は、一九二九年から一九三八年のもので、病床に臥していた森田に代わり弟子の高良《こうら》武久《たけひさ》が学会に報告したものです）。

〈普通神経質〉

普通神経質とは、自分の体の調子にとらわれ、自分の健康を過度に心配し、病にかかっているのではないかといつも不安に思っている人です。そしてちょっとしたことで感じる体の不調や不快な体の感覚、眠れないことなどにとらわれてしまいます。その他、疲労感、集中困難、四肢や体の震え、身体の圧迫感、胃腸に関するさまざまな不調感、食欲不振、神経性の下痢、体のあらゆるところに出没する慢性の痛み、不快感、めまい、一部の性的不能、頻尿恐怖など枚挙に遑《いとま》がありません。また一般に心身症と呼ばれる持続的なストレスが体の病気として出る人の多くも対象となっています。

二一〇名が治療を受けて、一一五名（55％：入院期間四三日）が全治、七九名（37％：三八日）が軽快し、未治は一六名（8％：二二日）でした。未治は治療の途中で脱落してしまった人たちです。

〈発作性神経症〉

発作性神経症とは、現代でいうパニック症、広場恐怖症、全般性不安障害などが含まれます。

発作性神経症は、二つの不安からなります。一つは不安発作で、発作的に起こるものです。呼吸困難、息苦しさ、動悸《どうき》、発汗、めまい、四肢の震え、たちくらみ、胸部の圧迫感などの激しい発作を経験します。それと共に多くの人が死ぬのではないかという死の恐怖を経験します。あるいは自分の思いも寄らないことをしてしまうのではないかと恐れます。大多数の人は、救急車で病院にかつぎ込まれた経験がありますが、検査で異常は見つかりません。しかし一度この不安発作を経験すると、また発作が起こるのではないかという予期不安が出現します。これが二つ目の不安です。不安が不安を呼び、不安が不安を強めていくのです。

薬物療法などで不安発作が消失しても、頑固な予期不安が残ることもあります。それらの多くは、外出恐怖、乗物恐怖、一人でいられない、身近な人への依存傾向などです。

また漠然とした不安で苦しんでいる人もいます。多くの場合は、慢性で、しばしば抑うつ状態を伴います。従って慢性の不安・抑うつ状態といわれることもあります。

四五名が治療を受けて、三一名（69％：入院期間三四日）が全治、一三名（29％：三五日）が軽快し、未治は一名（2％：二七日）でした。発作性神経症の数が少ないのは、外来で治療し、治ってしまう事例が多いためとも考えられます。

〈強迫観念症〉

三つ目が森田が不治の病と一時はさじを投げた強迫観念症です。強迫観念症には、さまざまな恐怖症が含まれます。恐怖症とは、動物恐怖や閉所恐怖、高所恐怖、乗り物恐怖などのことです。他の人には想像もつかないことも、その人にとっては真剣な恐怖の対象となります。なかでも代表的なものが対人恐怖（社交恐怖）と強迫症（強迫性障害）です。

対人恐怖で悩む人は、いずれも人前での自分の態度や振る舞いが不適切に感じられます。そのため、恥じたり、困惑したり、脅えたり、緊張したりします。そしてそれゆえ人に受け入れられない、軽蔑されると悩みます。対人恐怖の程度がひどくなると、自分の欠点ゆえに人に避けられる、嫌われていると考えます。決して醜くないのに自分の顔が醜いと信じている醜貌恐怖、自分の体臭、ガスがもれていると悩む自己臭恐怖、優しい目をしているのに自分の視線が鋭い、相手にいやな感じを与えると悩む自己視線恐怖などがあります。

対人恐怖は苦手な対人場面を避けるようになります。多くの対人恐怖の人が慢性的うつ状態を呈していきます。現代型のうつ病に重なっていくものです。

強迫症は、本人にとっても無意味、無縁あるいはばかばかしいと思う観念や考え、衝動などが反復して出現します。不完全さを恐れ、すべてを確認しなくてはならない不完全恐怖、失敗を恐れる失敗恐怖、不潔を恐れ、不潔と思われるものや場所が触れず、それを避けて、またいつも手を洗っていなくてはならない不潔恐怖、不吉な考えが浮かんでくるたびにそれを打ち消す行為をしなくてはならない縁起恐怖、あらゆることが不確実ですべてを確認しなくてはおられない確認強迫、などなど、数えられないほどの強迫観念があります。

二八六名が治療を受けて、一七〇名（59％：入院期間四四日）が全治、一〇〇名（35％：四〇日）が軽快し、未治は一六名（6％：二一日）でした（高良武久「神経質ノ問題」『精神神経学雑誌』一九三八年）。

森田があれほど治療に難渋した強迫観念症もこのように見事な治療成績を収めています。この強迫観念症は現代でも治療の難しい神経症の一つと考えられており、たいしたものです。

全体を合わせると、九割を超える全治（治った人）、軽快（症状が軽くなった人）という成績でありました。当時の世界で最も神経症の治療に成功した方法であったといえるでしょう。

治療費について

では森田のもとで入院治療を受けるには、どの程度費用がかかったでしょうか。ここに貴重な証言があります。

一九八八年一一月一三日、生活の発見会目黒集談会での講話の記録です（生活の発見会は、森田療法の集団での学習会で、日本で最も成功している自助グループの一つです。日本全国に支部を持ち、そこで森田療法の学習、実践を行っています）。

河原さんは、昭和八年（一九三三年）四月に入院治療を四〇日間受けました。彼から見た、森田の人となりと当時の治療費について見てみましょう。森田が五九歳、最晩年の頃の話です。

私が神経衰弱で森田先生の病院に入院したのは、昭和八年四月のことでした。私が先生に最初にお目にかかったとき、先生は千里眼をお持ちのようなかたでしたから、即座に私の性格を見抜いたのではないかと思います。（中略）

面接時間はわずか三十分足らず、診察料は確か八円でした。当時の八円は今でいえば八万円以上に相当する大金でした。風采のあがらない先生のわずか三十分足らずの診察で大金を払った私は、何か割り切れない気持ちで帰途につきました。しかし、当時の私にとっては、ここしかくるところがなかったのですから、しかたがないという気持ちも一方にあったことも事実です。（中略）

森田先生には三回頭を下げて、泣くようにして入院を懇請しました。当時の入院料は一日4円という高額でしたので、貧乏だった私にもなみなみならぬ決意があってのことでした。そして、私の願いがかなってやっと入院が許可されたのです。（中略）

病院では一週間の臥褥から始まり、軽作業などの作務が続きました。作務は庭が広いのでいろいろありました。作務中は朋輩との話は禁止されていました。四十日間、私は森田先生の厳しいご指導を受けたわけです。

その間、女房は一週間に一回、入院費を持って病院にやってきました。女房のサイフの中身は私が一番知っていたので、気の毒でした。しかし、症状は一向にはっきりしない、早くいえば治っていないわけです。自分のフトコロと女房の苦労を考えて、私は四十日たったところで先生に「帰らせてもらえないか」と申し出ました。（中略）

退院後、一週間ほどして、私が私の店の店頭に立って働いていたら、先生が突然店に入ってきました。先生は私を見るなり「元気そうだな」とひとことといい残してそのまま帰ってしまいました。当時の私には、先生の言動の意味がよくわかりませんでしたが、今になって思えば、それほど私を心にとめてくださり、見守っていてくださった先生のお人柄がしのばれるのです。森田先生のご指導で、私はその後立ち直り、以後精神的にも幸せな生活を続けています。今でも毎朝、森田先生の胸像に向って手を合わせています。

（河原宗次郎〔森田入院療法体験者、額縁商・神田「草土舎」創業者〕一九〇一年―二〇〇二年）

このように当時の治療代はかなり高額でした。大変な苦労をしながら、必死の思いで、入院生活を続けていたことがうかがわれます。

森田の金銭感覚

また他に、森田の率直さと金銭感覚を物語る話があります。待合室には次のような壁書があったそうです。

下されもの
一、困るもの　菓子、果物、特にメロン、商品券

二、困らぬ物　卵、鰹節、茶、缶づめ、金、りんご
三、うれしき物　一輪花、盆栽、チョコレート、サンドウィッチ、女中に反物

どのような感想を持たれたでしょうか。高い治療費といい、この壁書といい、吝嗇《りんしょく》なおやじだなあ、と思ったでしょうか。

私は、まず森田は徹底したリアリストで、余分なもの、貰って困るものを伝える率直さがあったのだと思いました。また高い治療費は入院患者に緊張感を与え、作業への必死の取り組みを助長したものとも考えられます。精神療法における費用という問題は、難しいものですが、少なくとも専門家にしっかりと費用を払って治療を受けているのだ、という自覚をもたらします。精神療法には重要なことです。それが自分を治す力、治療のモチベーションを引き出していくことにもつながるからです。

その効果を森田自身はよく知っていたものと思われます。森田はリアリストですが、吝嗇ではありませんでした。晩年には、郷里富家《ふけ》村に小学校講堂（森田館）をはじめ、多年にわたって多くの寄付を行い、公共事業資金を提供したといわれます。それは寄付額数千円（当時）に上ったそうです。

発想の転換を起こす名人

精神療法はどの療法でも、悩んでいる人が自分自身を縛っている考え方（思考）とは違った理解の枠組みを治療によって提供し、そこから今までと違った発想ができるように援助します。

森田はこの発想の転換を引き起こす名人でした。

次に挙げるエピソードは大三輪《おおみわ》義一《ぎいち》氏が記したものです。大三輪氏は、肉体の眼、知性の眼とともに私たちには命の内奥を見透す第三の眼すなわち魂の眼があるとし、森田正馬による「釈尊の開眼」の心理解説によってその魂の眼を劇的に開かれたといいます。では、森田の心理解説とはどのようなものだったのでしょうか。それは京都の三聖病院（禅的入院森田療法を行っているところ、二〇一四年末で閉院しました）に入院していた人たちが開く三省会の座談の席でのことでした。

ある退院間近の患者が、「自分の主訴する症状はありながら前ほど気にならなくなり、仕事もできるようになり、体力も病前以上に充実してきました。宇佐先生はもう退院して働いてもよいといわれますが、さて退院となると、またあの恐ろしいことのあった職場にかえるのかと思うと不安が昂じて体がすくみ、食欲が消えてイライラします。先生、この不安はどのようにしたらなくすことができるのでしょうか」という主旨の質問をしました。

当時入院五十日目位の私は、自分の聞きたい質問であったので、部屋の隅っこで全身を耳にしてその答を待ったのです。……（中略）……

「この病院は東福寺と縁が深いし、院長の宇佐先生はもと禅宗の坊さんの出である。医者の私が、仏教の専門家のところにきてこんな話をするのは、おかどちがいであると思われるかも知れないが、皆さん、仏教を開いた釈迦が、生老病死の悩みを解決するため出家して難行苦行して得ることなく、座禅して解悟したというが、釈迦はいったい何を悟って一切がわかり解脱したのですか？」

……二、三分皆に考えさせて、森田先生は語をつぎ、釈尊の悟りの内容に先生一流の表現で解説されました。

「釈迦は入山後先輩を訪ねて教えを乞うたが、生老病死の悩みを解消し、不安を去ることはできなかった。その後自力解決のため座禅にはいって最後に悟ったのは、（一）生老病死の苦悩は人生から取り去ることのできない事実である。（二）人間は一切の不安をなくすことはできない。（三）不安の多いほど心の上等な人であるというのが、その悟りの内容であった。」

この意外な解説を聞いて、私の全身全霊はドシンと雷に打たれた様に感激し、今まで血眼になって、求めさがしていた、不安解消法は無意味になって雲散霧消してしまった。一切がこけ、たわけの迷妄であった。その晩は胸の奥底からこみあげてくる魂の歓喜に涙が止まらず、わくわく昂奮して一晩中眠れなかった。私の心は百八十度回転し、見るもの聞くもののなにもかもが、生き生きと躍動している。長い夢から覚めたようである。

（大三輪義一『形外先生言行録』）

しばしの沈黙の後の釈迦の話という意外性、そして聴いている人たちへの問いかけ。森田は、不安は私たちが生きていくうえで必須のものであり、それを取り去ることはできないとその不安への発想の転換をもたらしました。不安を取りたい、悩みから逃げ出したい、と苦闘する人間にとっては青天の霹靂《へきれき》、コペルニクス的転回です。そしてとどめに、不安の多いほど心の上等な人であるという言葉がきます。退院を目前にして不安に襲われ、自分は何と弱くてだめな人間だろうと打ちのめされている人に、世界に対する新たな解釈を伝え、さぞ生きる勇気と洞察を得させるものであっただろうと思います。

悩むことは、意味のあることです。その人の生き方の転換になるからです。そして悩むことによって、人は成長し、成熟していくのです。だからこそ、それを上等な人、と森田は言ったのでしょう。

では、森田正馬自身は、周りの人からどのような人だと思われていたのでしょうか。

偏屈さと創造性

森田の後輩で、森田に劣らず創造的だった精神科医下田光造は、森田の印象をこう記しています。

座談も理屈っぽく、曖昧が嫌いで、直ぐ揚げ足を取ったり、非協調的であったが、邪気衒気《げんき》がないので、誰も不快に思わぬという得な人であった。それは博士の風貌態度が大いにあずかっていたようである。以前から痩身で血色は悪く、いつも枯木の如く寒そうであったが、眼光は軟らかであった。超然として気取ることなく、演説の時は古風な羊羹《ようかん》色のフロックのチョッキのポケットに下足札をはさんで、すました顔をして悠然と話された。……博士の負けず嫌いは若いころから有名で、議論などではけっしてまいったといわぬ人であった。

(下田光造『形外先生言行録』)

森田の後継者で慈恵医大教授を務めた高良武久も、同じような印象を述べています。

私たちの知っている博士は顔面蒼白にて痩身鶴《そうしんつる》のごとく、やや前屈な姿勢であった。髪は半白、髭もそうで、いずれも短く刈り込んであった。面長《おもなが》で顎《あご》は強く張り、一見無骨な相貌ながら、目には何となく滋味《じみ》があり、微笑に人を魅する優しさがあった。……先生は時に子供のように無邪気であられたが、しかしやはり恐い先生であった。たいていの人が博士のそばにいると、心の底を見抜かれるような気味悪さをおぼえた。だから博士を慕いながら、しかも馴れにくいという気持ちが、弟子たちにも悩む人たちにもあったようである。

（高良武久『形外先生言行録』）

森田はけっして単純明快な人ではありませんでした。また、人格円満な人でもありませんん。理屈っぽく、気に入らなければ徹底的に相手を論破するような人で、それは後に触れる森田―丸井論争にも表れています。

森田は、自ら創始した森田療法が世に認められることを熱望しました。自らの精神療法の効果と普遍性を自負する森田は、その主旨を当時の精神医学の中心であったドイツの医学雑誌に投稿し、世界に知らしめようとしました。そこで掲載の仲介を下田光造に依頼しましたが、ドイツからは「内容が理解困難」というだけのそっけない理由で突き返されてしまいました。森田は文章をさらに修正し、下田に再度の交渉を依頼したものの、結果は同じでした。このような仏教思想を骨子とした精神療法を日本人流のドイツ語で説明して、外国人に納得させるのは容易なことではありません。しかし森田はしつこく粘りました。それから二年後に、またしても下田に手紙を書いて、「あのことは残念であるが何とかならないか、外国の通俗雑誌でもよいが」と相談しました。下田はさすがにあきれて、「何故左様なくだらぬことに精力を費やされるのであるか、彼らが貴下の学説を知りたいと切望するなら、自ら日本語を勉強して原文を読めばよい、釈迦や孔子が自己の教義を外国文に翻訳して発表したというはなしを聞かぬ」(下田光造、前出)と突っぱねたといいます。

森田はそこまで自分の学説に自信を持ち、それを世界に知らしめたいという気持ちが強かったようです。そして、それを却下したドイツの精神医学に怒りを感じながら、さらに執着してその可能性を追い続けました。

森田のフロイト批判

西欧の精神療法、心理療法とは全く異なった考え方を持ち、豊かな可能性を秘めた森田療法でしたが、この療法が創始された当時は、ほとんど注目されませんでした。

西欧の知識をもとに、日本の精神医学や精神医療を作ろうとしていた学問的な別の流れが大きかったためです。

森田が治療法を確立したころには、フロイトの業績は欧米の医学界で認められていました。森田自身も、当時紹介されていたフロイトの理論を学んでいました。オーストリア出身のユダヤ人であるフロイトが提唱した精神分析理論では、人間には無意識の過程が存在し、それが人間の行動に大きな影響を与えると考えています。そしてその無意識には幼児期の記憶（トラウマ）が抑圧された形で存在し、それが形を変えて私たちの症状、悩みを作るとしました。その封印した記憶を意識化することが治療となります。フロイトは、人間は子どもの頃から性欲を部分的に持っており、それを親との関係で意識することが苦痛になると、無意識の領域に抑圧されてしまうと考えました。その代表がエディプスコンプレックスです。五〜六歳となると、男の子は母親に、女の子は父親に性的関心を持ち、関心を持った対象を独占しようと望み、同時に同性の親を憎むようになります。このことが同性の親に罰せられるという不安を引き起こし、結果その関心が抑圧されます。親との関係が安定していないと、性的関心を持つ思春期になって、そのような不安が神経症的不安や形を変えた恐怖症として現れると考えたのです。

しかし森田にとっては、それは単なる机上の空論のように思えました。森田にとって重要なことは、過去の親子関係に悩みの原因を求めず、現在の悩みの現象をありのままに見て、そこから悪循環などの心の作用を見いだすことでした。つまり悩みを克服した自分自身の経験と、実践したことを最も重視したのです。森田は戦闘的な精神分析理論の批判者でした。日本にフロイトの精神分析を紹介した東北大学の丸井《まるい》清泰《きよやす》と、森田正馬の論争は有名で、日本の精神医学界での最も激しい論争の一つだったといわれます。日本の代表的精神医学者だった内村祐之《うちむらゆうし》は、その時の様子を次のように残しています。

ちなみに私は時折り若い人たちから、日本の学会で行なわれた最も際立った討論は何であったかと問われることがあるが、それに対しては、大正末期から昭和十年ごろにかけての丸井清泰教授と森田正馬教授との討論こそ、それだったと答えるのを常としている。この両者の討論のうちでも、昭和九年の総会のときの討論は、最も劇的なものとして、今も強く印象に残っている。

このとき、強迫観念について講演した森田教授が、フロイトの加虐性説（Sadismus）を攻撃したのに対し、丸井教授は、「……私どもから見ますと、非常にしろうとくさい印象を得るのであります……」と、やったのである。すると森田教授は、冷ややかながら怒気を含んだ面持で、「(貴説は、) あやまってすべり、ケガをした所以をも分析しなければならぬというに同じ。強迫観念に対する加虐性説は、私はこれを迷信と認めます。特にこのことを強調しておきます」と言い放って、そのまま退場したのであった。

このときと限らず、この両者の討論は、共通の場を持たぬスレちがいの形で行なわれることが多く、また感情的の色彩がはなはだ強くて、内容に乏しかったが、とにかく、わが学会史上、白眉とも言うべきものであった。

（内村祐之『わが歩みし精神医学の道』みすず書房、一九六八年）


そこには西欧的な人間理解と日本的・東洋的な人間理解の対立とともに、独自の精神療法を創始して意気盛んな森田が、新たに導入されたフロイトの精神療法とその優位性を争ったという側面があります。森田から見れば治療もできない精神療法、ありていに言えば神経症を治せもしない治療法などいかに高級な理論を掲げても空理空論でしかないという自負があり、論争は激しさを増していきました。

何よりも森田には実際に悩む人を治しているという自負があったに違いありません。

森田療法の評価

森田の治療法をいち早く評価し、自らも実践したのは先述した九州大学教授の下田光造でした。そして下田自身も九大精神科で外来森田療法を行い、その効果を実感していたようです。当時の学界の重鎮でもあった下田は、現在では躁うつ病の病前性格である執着気質でその名を知られた人でありました。

下田は、森田の追憶の記で次のように述べています。

その神経質学説が久しく専門学界から黙殺されていたのが、負けず嫌いだけに癪にさわっていたらしく、自分が大正十五年に出した『最新精神病学』第三の序文に博士の学説を紹介した時は、よほど嬉しかったものとみえ、ただちに謝意の書面をよこされ、その終わりに左の歌が書いてあった。……自己の学説を遵奉する門下に囲繞《いにょう》されて逝ったこの真人の最後の幸福は一の創作も主張もなく、いたずらに西人の所説を祖述するに寧日なき翻訳学者の、想像だに及ばぬところであろう。

(下田光造『形外先生言行録』)

このように下田は、西欧を主とした学界の風潮に対して強烈な批判を加えています。下田もまた自己の観察と臨床経験から出発し、独創的着想を重んじた人でありました。今なお、多くの西欧発の心理療法、精神療法が紹介され、あたかもそれが最新の技術であるかのように、無条件で、何の批判もなく取り入れていく傾向にあります。この下田の批判は、現代日本にも当てはまるようです。そして下田の考えを受け継いだ九大精神科では、現代も森田療法に関心を持ち続け、実践を行っています。

森田は自分のしたいことをやりぬき、我を張り通す人でした。西欧精神医学の権威に、そしてそれを踏襲した日本精神医学の権威に敢然と反発しました。そしてそれが森田療法を創始して自らの独自性を主張した彼の気概にもなっていたのです。

最愛の息子の死

一方、家族、とくに溺愛した息子の正一郎には、まったく違った態度で接していました。小熊虎之助は、批判的、検討的、反発的精神が特別目立っていた森田が、反面一人息子をいかに寵愛していたかを「先生は他人の前で自分の子供を特別可愛がることに、少しも遠慮がなかった。先生はどこまでも無邪気な人であった」と記録しています（小熊虎之助『形外先生言行録』）。そこには、いわゆる常識人とは違った子どもへの溺愛ぶりと、それをそのまま見せる森田の姿が示されています。

森田はその最愛の息子を肺結核で亡くしました。享年二〇歳でした。森田もあまり自覚をしない結核患者でありましたから、最愛の息子も森田から感染した可能性は否定できません。

身近な人の死を森田はどのように受け入れていったのでしょうか。

一九三〇年一一月三日（森田の愛息正一郎が永眠した約一ヵ月後・森田五六歳）、第七回形外会で森田の患者や弟子たちの要請により自らの経験を語り出します。

形外会とは、森田に入院治療を受けた人たちが集まってお互いの経験を語り合い、それについて森田自身が解説するという形式の会合。後に外来、入院中のものも加わり、森田の死の一年前まで続きました。生活の発見会（森田療法の集団学習を行う自助グループ）の原型だと考えられます。

森田はその形外会で悲しいままに聞き手の前で語り、泣き、そしてその追悼の記を書き続けました。記録魔森田がつけていた正一郎の生まれたときからの発達の記録、病気の記録、さまざまな正一郎の手紙などから正一郎の人生を綿密にたどっていったのです。この作業は約一年続き、森田が発行している雑誌に発表されました。記録することを通して喪失を事実として認め、受け入れようとしたのです。

森田はいいます。

死は当然悲しい。どうする事もできない、絶対であって比較はない。繰り言をいうほど悲しみは深くなる。……最も忌む事は、思想の矛盾もしくは悪知と称して、我々の行為を一定の型にはめる事である。

（「第七回形外会」『森田正馬全集第五巻』白揚社、一九三〇／一九七五年）

正一郎の死にともなう悲しみは、人間として自然な感情であり、どうしようもないものであるといいます。それをあれこれと理屈に当てはめようとすることがむしろ苦悩を強めてしまうのです。この頭でっかちな、理屈で悩みを取り除こう、取ろうとすることを森田は思想の矛盾と呼びました。

すでに述べたように、森田が九歳の頃にお寺で地獄絵を見て、死の恐怖に悩み、以後彼の人生のテーマは「死を恐れざること」を追求することでありました。

森田が「死を恐れざること」から解放され、「死は恐れざるを得ない」という自覚に達したのは中年期に入ってからでした。なぜこのような自覚が得られたのか。おそらくさまざまな治療上の挫折、行き詰まり、そして自ら死に直面するような腸疾患の大病の経験、そして最愛の息子を失うという喪失などを経て、このような自覚に達したものと思われます。

この最愛の息子の死の経験から喪失の事実をそのまま認め、受け入れるという作業は、森田に人生の事実に対する深い洞察をもたらしました。

森田の自覚

彼は晩年（五七歳）の頃にこのようなことをある会合で述べています。

私は少年時代から四十歳頃までは、死を恐れないように思う工夫を随分やってきたけれども、「死は恐れざるを得ず」という事を明らかに知って後は、そのようなむだ骨折りをやめてしまったのであります。……（中略）……

赤面恐怖でいえば、人に笑われるのがいや、負けたくない、偉くなりたい、とかいうのは、みな我々の純なる心である。理論以上のもので、自分でこれをどうする事もできない。私自身についていえば、私はこれを否定する事も圧服する事もできない。私はこれをひっくるめて、「欲望はこれをあきらめる事はできぬ」と申して置きます。これで、私はこの事と「死は恐れざるを得ず」との二つの公式が、私の自覚から得た動かすべからざる事実であります。

（「第十二回形外会」『森田正馬全集第五巻』白揚社、一九三一／一九七五年）

おそらく、この時期に森田は「死を恐れない工夫」から「死は恐れざるを得ない」という認識の転換をなしたと思われます。

森田の生きざま、死にざま

森田は最愛の息子を亡くしただけでなく、一九三五年には自宅で治療を行っていた森田の片腕ともなった妻久亥を急性の脳出血で亡くし、三年後には母の死をも経験します。病床にあった森田はひたすら悲しみ、泣きました。そしてその後を追うように、同年四月一二日に死去しました（享年六四歳）。

森田は当時の当直医に死に臨んでの心境、一人称の死を迎えるに当たっての体験を述べ、「随筆を書くときの材料になるだろうから自分のいうことを筆記しなさい」と伝えて、口述筆記をさせています。

> 僕は生まれるときと同じ心持で死ぬる。その事実をみてごらんなさい。僕は自由自在に泣きもし怒りもする……。偉人や天才や高僧の死の場合、いかに苦悩と虚偽にみちていることか。凡人の死は随分気楽なものだ。（中略）
>
> 今夜はもう駄目だから、明日の朝は危いと毎日毎日ビクビクしていた。その間、熱がさがったからと言っては、みんなにご祝儀を下され、みんな揃って、お目出とうございますと言わせて自らを慰めて居られた。それが夜になると、今夜は危い。心細いなと哭かれるのであった。
>
> （森田正馬評伝）

いわば状態が悪ければそのまま素直に苦しみ、そしてみずからの状態がよければ、ありのままに喜ぶのです。

あるいは手伝いの人に次のように語りました。

人間は生まれた時は、おぎゃあおぎゃあと泣き、あーんと言って泣くよ。今日の僕でわかったでしょう。あれだけ思いきって泣けるものはないよ。

いくらあるがままといったって、僕ぐらいあけっぱなしに泣けるものはないよ……。

（瀬戸行子『形外先生言行録』）

ここに森田療法の最大のキーワード、「あるがまま」という言葉が出てきます。この言葉についての詳しい説明は次章に譲りますが、この「あるがまま」という言葉、そして森田療法は、やはり森田自身の生きざまから生まれました。

森田は子どものような素直な心の持ち主でもあり、周囲に甘えた人でした。悩みが多く、しつこくとらわれやすい人でした。しかし、常識にとらわれない子どもの心が、森田療法という独創性のある治療法を生み出しました。彼の個性が光として輝いたのです。そして悩み多く、解決へしつこくとらわれることが森田療法を作り上げる上で、重要な役割を果たしました。彼の自己治療の試みがそのまま森田療法の骨格を作ったのです。彼の悩みはそのような意味では、創造の病でありました。

悩むこととそれを乗り越えることは、しばしば創造的で、その過程そのものが成長・成熟、そして自己を生かしていく道になることを森田正馬の人生は物語っています。

2　戦後の危機とその転換

入院森田療法の特徴と問題点

では、ここから森田療法の歩みとその危機、そして現代にいたる道程を述べたいと思います。

入院森田療法における当時の治療システム（原法と呼ばれます）は、特徴として次のようなことが挙げられます。

一、家族、社会から遮断し、臥褥（終日床につくこと）と作業という治療装置と治療者の不問と行動的体験への促しを組み合わせた治療システムは、完成度が高いものでした。一方、患者さんの個々の問題に合わせた柔軟な対応が難しいことが指摘できます。

二、この厳しい治療法は自分の問題を何とか克服したいと悩む人（森田療法の適応になる人という意味で、森田神経質と呼ばれる）にきわめて有効でありました。

三、森田のようなカリスマ的、父性的な治療者と共感的で家庭的な治療環境の組み合わせが患者さんに安全感、安心感を提供しました。あたかも当時の大家族制度の家庭を彷彿とさせます。

四、この完成度の高い治療システムに比べて、精神療法としての理論的、技法的検討が十分にはなされませんでした。

五、この治療のシステムでは、患者さんの治療への期待、希望、予想、そして依存心などと治療者の対応（不問的態度）に大きな落差があることを見逃してはなりません。自分の悩みをいつか聞いてもらえる、助言してもらえると期待し、希望していたのが、ものの見事に裏切られるのです。

苦しみから抜け出したいと悩む人が治療者に対して持つ大きな期待と、問わないこと（不問）を行うという治療者の対応には大きな落差があり、これを埋めたのが、患者の森田本人への厚い信頼でした。また、森田とその妻久亥が患者たちと居住を共にして作り上げた家庭的な治療環境であったからこそ、患者たちは悩みを聞いてもらえなくても作業に打ち込めたのです。つまり、環境があって、治療者の不問と治療の場での行動的体験を促すという厳しい治療の遂行が可能になりました。それでもこの落差に耐えられなければ、脱落することもあり得るのです。森田はこのような脱落例、未治例を〝縁なき衆生〟とあっさりと切り捨てました（「第十回形外会」『森田正馬全集第五巻』白揚社、一九三一／一九七五年）。

そのため、むしろ対話による悩みの解決を求め、森田の時代の青年たちほど柔順でなく、理屈っぽい現代人がこのような治療システムに乗って来られるのかどうか、が戦後大きな問題となりました。

戦後の荒波の中で

第二次世界大戦後、今までの日本での価値観が否定され、西欧の民主主義が日本に導入されました。明治維新に次ぐ、第二のグローバリゼーションの時代です。悩みの原因に焦点を当て、その解消を目指した西欧の精神療法、精神分析、行動療法、そして後には「思考のクセ」を変化させようとする認知療法（認知行動療法）などの神経症の理論と治療法が新たな装いと強いインパクトを持って紹介されました。

認知療法は森田療法と一見すると似ています。ここで混同されないよう違いを述べておきましょう。認知療法では、不安や抑うつを引き起こす思考のゆがみ（クセ）を合理的なものに変えることから、不安、抑うつをコントロールしようとする治療法です。対して森田療法では、不安、抑うつをありのままに受け入れていこうとする柔軟な思考（心の態度）を身につけ、そしてその人の持つ生きる力を生活の場面で発揮することを目指します。受容（アクセプタンス）モデルです。同じように思考のあり方を問題にしますが、その方向は一八〇度違います。また「生きる力」という考え方は認知療法にはありません。

さて、終戦直後には、森田療法が日本独自の精神療法として欧米に紹介されましたが、それは決して好意的なものではありませんでした。対話を重視しない森田療法が西欧の精神療法家には理解できず、誤解を招いたとも考えられます。

日本の精神医学、心理学の世界では、戦前と違って、それぞれの精神療法を学び、そして実践する多くの治療者が育ってきました。そのパイオニアの多くは、欧米で理論と技法のトレーニングを直接受け、日本で患者を治療し、その成果を発表していきました。そのような流れの中で、日本発の森田療法が注目され、また森田療法家の手で再検討が加えられはじめました。

同時に、森田療法は西欧の精神療法に埋没するのではないか、〝古典的な精神療法〟ではあるが、現代社会にもはや通用しないものではないのか、という疑問、批判がなされるようにもなってきました。森田療法の危機が訪れたのです。

人によっては、森田療法は時代にそぐわない、すでにその役割を終えたと言いました。私は、それは浅薄な見方であると思いますが、当時は、深刻な危機意識を持っていました。森田療法が現代社会に生きる人々の悩みの解決法として機能していけるであろうか、二一世紀という時代にふさわしい精神療法として生き延びられるだろうか、と危惧したのです。

カリスマなき時代に

ある時期まで、私たちが森田療法と呼ぶときには、とくに注釈をつけないかぎり、伝統的な入院による治療のシステムをさしていました。そしてその治療システムでは、森田の人となり、森田のカリスマ性が治療上大きな役割を果たしました。実際、当時の森田の治療を受けた人たちの日記を読むと、森田に対する思慕がどれほど強いものだったかが伝わってきます。

後の入院森田療法を行った後継者たちも同じような、強い個性、カリスマのようなものを感じさせる魅力的な人たちでした。そしてこのような森田療法の治療者は、症状があっても日常の作業に踏み込むように指示します。それは、症状をもちながら生活できること、行動に踏み込んでいくうちに症状そのものがその人の意識の背景に退いていくことを、体験的に理解させるためです。この治療の枠組みは、確固たる治療的権威性を必要とします。そこでの治療的な関係やこのような治療の枠組みが、明治・大正の父権的な社会や家族状況を反映したものであることは、疑いがないでしょう。

伝統的治療システムで運営される専門施設は、現在数が少なくなってきました。森田の後継者である高良武久が運営していた高良興生院は、入院治療の中心であり、また森田療法家の育成に大きな役割を果たしていました。その高良興生院の廃院は、高良の死（一九九六年没）とともに伝統的な入院森田療法の時代が終わりつつある象徴的な出来事でした。なぜ森田療法施設は減少するのでしょうか。これだけ高い治癒率を誇ってきた神経症の入院専門施設は、世界に類を見ないものであるにもかかわらず。

これには三つの理由が考えられます。まずは、治療者のプライベートな生活と治療を分けないこの治療方法は、あまりに治療者にかかる負担が多すぎるためです。少なくとも現代に生きる若い治療者には、このような治療は行えないし、魅力的でもありません。したがって、今では多くの森田療法の治療者が私的な生活と治療を区別しています。また入院森田療法は、精神科一般病棟の一部を使って行うようにもなってきました。

私も東京慈恵会医科大学の中で入院森田療法を始めました。私が、森田療法を手探りで始めた一九八〇年代には、森田のようなカリスマ的治療者は私を含めて存在せず、生活も共にすることなく、病院の一角で数名の医師（後に臨床心理士）と寮母で治療を行っていました。不問的態度を和らげ、個人面談、日記療法の重視など、森田の原法を少々修正し、より柔軟な治療的セッティングにはしました。しかし不問と行動的体験の重視という基本は変えませんでした。このように治療のセッティングを整え、対象を選べば、自然に患者さんが治っていった、という印象がありました。その頃冗談で、「入院期間はブラックボックスで、何が起こっているのか分からないが、たしかによくなるよね」などと言ったものです。

森田療法施設が減少する第二の理由、それは、一般の病院・医院などで行うときに問題となる経済的理由です。私たちが行っていた入院森田療法は大学病院の一角でしたので、臨床・研究・研修という使命がありましたが、経済的な問題は問われませんでした。しかし、森田療法専門施設では、医療経済上困難に突き当たります。現行の保険診療では、精神療法の治療費は安く見積もられているため、経費に見合った診療報酬を得るのが困難です。

さらに重要な第三の理由は、森田の時代と現代の悩んでいる人が抱える悩みの質、パターン、そこで取る行動が異なってきたため、多くの人たちは外来での森田療法を求めてくるようになってきたということです。しかし、今までの森田療法の治療者は真剣にこの問題に取り組みませんでした。それどころか、入院以外の森田療法を認めない森田療法家もいました。今や、森田療法専門施設と呼べるところは、私のいた慈恵医大第三病院森田療法センターのみになってしまいました。

現代人の悩みと対応

危機の本質的な問題は、この森田療法が今まであまりに森田の創始した治療システムに依存しすぎ、そのために、治療システムや治療論や技法について、十分に論議し言語化してこなかったことにあると私は考えました。

事実、一九八三年に設立された日本森田療法学会の参加者は年配の先生方が多く、活発な議論が交わされることもありませんでした。森田療法の専門家たちの間に身を置いてみると、少々反発するようなことがありました。一つは、入院森田療法はすでに完成しており、もはや付け加えるものはない、という見解です。「何も分かっていないのでは……」

と、びっくりもし、おかしいとも思いました。もう一つは、森田療法の研修に関して、自分がいわば患者として入院森田療法を受けることが森田療法の研修である、という言説がささやかれていました。このようなことで、後継者が育つのだろうか、限られた人しか森田療法を行うことはできないだろう、これではあまりにも閉鎖的ではないか、と思いました。

元来からの治療システムが何らの技法的、理論的変更もなしに、悩める現代人のメンタルヘルスに働きかけられるでしょうか。不安や抑うつ、トラウマ、喪失などで悩み、傷ついている人たち、社会で不適応を起こしている人たち、あるいは密かに悩みながら、何とか社会に適応している人たちへの援助を、そのままの形で行えると考えるのは、楽観的すぎるように思われます。伝統的な森田療法の治療者は現代的な悩みに対し、門戸を閉ざしてきたようです。いわゆる狭義の森田神経質のみを治療対象とし、それ以外は縁なき衆生として切り捨ててしまいました。このような姿勢が森田療法の治療者の現代人の悩みに対する感度を鈍らせたのは間違いないところでしょう。

現代の悩みには、伝統的な森田療法では対応が困難となります。

ある人は、「不安はそのままにまず日常の生活に取り組んでごらんなさい」と治療者に助言され、「それができないから治療を受けにきたのだ」と怒りをあらわにしました。また別のある人は、治療者に自分の問題を理解されていない、拒絶されたと感じたといいました。森田療法家が伝統的な技法、「不問」という悩みを取り上げないことに対する反応でした。

カリスマなき、つまり森田がいない森田療法、入院でない森田療法を発展させる必要が出てきました。つまり共感的能力を持ち、精神医学、心理学などを学び、精神療法に興味ある人ならば、手軽に外来で森田療法を行うことが求められてきたのです。

現代社会がもたらす人々の悩みには、もはや森田療法は対応ができないのでしょうか。私はそうは思いません。森田療法には、時代を超え、日本文化と東洋に根ざした知恵、人間性の理解とその生き方を問題とする知恵が含まれているのです。まず現代の森田療法の治療者はそれを意識化し、言語化する作業を行う必要があります。

私たちは、慈恵医大第三病院森田療法室（現在は森田療法センター）で、今の時代に見合った入院森田療法のシステムと、治療対象の拡大についてさまざまな試みを行ってきました。

「生きること」を治療のテーマとして

私は、入院という伝統的な治療システムによらないこと、対話を重視した個人精神療法であること、治療者・患者の関係を重視すること、といった、新しいスタイルの森田療法（ネオ森田療法）の開発に取り組んできました。

一九九〇年代後半から二〇〇〇年の前半にかけて、森田療法はパラダイム転換を経験します。それは、伝統的な入院森田療法から対話型の外来森田療法へと、転換がなされたことです。依然として入院森田療法の価値はあるものの、外来で森田療法を行うことがメインとなりました。

そのためには、対話型の精神療法の枠組みが必要になります。治療者が患者さんの問題をしっかり見立て、信頼関係を結び、そしてその時々の感情への関わり方や思考や行動へ介入する、そのような取り組みに当たって、西欧の精神療法の枠組みの作り方から学ぶことが多くありました。

西欧由来の精神分析療法、家族療法、認知療法、行動療法などの理解、技法を必要に応じて、部分的に取り入れていきました。

たとえば、精神分析的理解から悩む人の過去の親との関係の重要性を知り、また治療者・患者関係のあり方が治療の行き詰まりを打開する上で大きな役割を果たすことも学びました。森田療法を遂行するためのよりよい治療的関係の模索が可能となったのです。

また、家族療法を学ぶことから、不適応を起こしている当事者（引きこもりや不登校などの思春期例、あるいは子どもの神経症的行動）の問題の多くが、実は親との間の悪循環（とらわれ）に起因していることに気づきました。

そして森田療法に基づいて介入することが当事者の問題行動の改善や、当事者の治療に結びつくことも知りました。行動療法や認知行動療法を知ることは、反面教師として森田療法における行動や認識（思考）への介入の独自性を自覚する上で役に立ちました。

ただ無批判に他の精神療法の技法を取り入れたのではありません。森田療法の人間理解と問題解決法の基本は抽出しながら、他の精神療法の技法や考えの一部を新しい森田療法に統合していこうと試みたのです。

現代社会は、精神療法が最も必要とされる時代でありながら、皮肉なことにその遂行が困難な時代です。森田療法のみならず、他の精神療法においても事情は変わりません。

その要因としては、治療的な関係を持続することが困難であること、現代人は直接的な情緒的体験を避ける傾向にあること、価値観が多様な時代になったこと、そしてすぐに簡単に手に入る魔法の杖をほしがる傾向、などが挙げられます。魔法の杖とは現代の精神医学を席巻している薬物療法であり、その理論的根拠としての脳科学の勃興です。私たちの悩みのすべてが、脳科学から解明され、解決されると考えることは新しい神話にしかすぎません。薬物療法を受けた方がよくわかっているように、魔法の杖はないのです。ふっと悩みが飛んでいき、いつも楽しく、活動的な人生などありえません。

入院から外来へ

森田療法の治療目標は、「あるがままに生きる」ということです。入院ではない、外来の森田療法では「あるがままに生きる」ことを援助し、治療を実践することが可能でしょうか。

「はじめに」で述べたように、私たちは、森田療法の持つ知恵を生かしながら、新しい介入方法を模索してきました。

行動的体験と不問（問わないこと）からなる入院森田療法から、対話に基づく外来森田療法への転換において、二つの方向性が必要でした。

「不問から問うことへ」と「行動モデルから感情体験モデルへ」という方向性です。

まず伝統的入院森田療法の不問的立場から離れ、症状（不安、恐怖、抑うつなど）を悩む人がどのように経験しているのか、そこでの症状固着のメカニズムとはどのようなものか、を再検討しました。そして外来の面接では、患者さんの症状（主訴）を積極的に取り上げ、それをとらわれ（悪循環）の視点から理解し、それを患者さんと共有するようにしました。問わないことから問うことへのパラダイム転換であり、不問技法の大幅な修正です。

そして悩みのとらわれの打破のために、患者さんの感情への関わり方に注目しました。さまざまな感情をありのままに認め、受け入れられるように援助していきました。またそれと連動して、「自然に服従し、環境に従順なれ」という森田の言葉に基づく行動処方を心がけるようにしました。つまり、ありのままに感情を受け入れながら、その感じたままに、すんなりと動いていけるような自在で主体的な行動、自然な行動がとれるように助言したのです。

そして次に、作業の読み替えを行いました。

外来森田療法では、入院治療と違ってある一定の作業がありません。しかし発想を変えてみると、私たちの身近に多くの作業が存在します。日常生活を維持するための家事、通常の仕事、さまざまな地域での活動、趣味に取り組むことなどは、すべて作業なのです。

うつ病の復職訓練（リワークなど）に取り組んでいる患者さんから、「決められたプログラムはこなせるのだが、これで十分なのか不安だ」という相談をよく受けます。たしかにうつ病の患者さんは、与えられた課題を一生懸命にこなします。しかしそれだけでは不十分と考えています。そこで私は、家事をすることを勧めます。掃除、洗濯、食事の支度などのその時々に必要なことに作業として取り組み、そこでの工夫を大切にして、作業に入り込む経験を得るためです。

これは仕事に復帰してからも同じです。人にどう思われるかよりも、目の前の仕事（作業）に取り組み、臨機応変に工夫をすることを助言します。そしてだんだん主体的に仕事に入り込んでいけるようになります。そこで初めて、人とのスムーズなコミュニケーションが成り立ってくるのです。その順が逆になることはありません。

生きる力

ここで注意を要するのが、人間の生きる力や、生きる上での欲望は、二つの方向があることです。詳しくは第二章の9で述べますが、簡単に説明しましょう。

一つは、イヤなことを消したい、あるいは何でも完全にしたい、といった自分の自然な感情を抑えて人に合わせようという方向です。それ自体が悩みやとらわれに向かってしまいます。

もう一つの面は、「生の力」といえるもので、私たちの内発的な能動性、主体性の源泉となるものです。

これは患者さんの持つ生きる欲望（生きる力）を人との関係で空回りしないで、目の前のこと（作業）に取り組む方向です。

治療者の〝生の欲望（生の力）〟への気づきの促しと、現実の行動へと結びつける介入方法は、「今ここ」でその人らしく生きることを可能とします。

なぜなら、自らの「生の力」を発見し、それを生活世界の行動に結びつけることは、他者の評価や外的価値からの自律的な試みだからです。その作業は、その人固有の内的価値を作り、そしてそれがそのままありのままの自分を受け入れ、発揮していく作業ともなります。

他者の評価に依存しがちな、そして傷つきやすい自尊心を持つ現代の悩む人たちへの森田学派からの重要な治療的提案です。つまり、これまで森田療法の適応外とされてきた、過去のトラウマから引き起こされた引きこもりや、他責的傾向のある現代型うつ病などにも対応することができるのです。

可能性の広がり

このように外来森田療法への転換は、伝統的森田療法に含まれていた豊かな可能性を引き出し、新しい治療システムを手に入れました。そして今まで言語化されることが少なかった森田療法に、言葉での介入方法を見つけ出したのです。このことにより、森田療法のもう一つの活動、森田療法の自助的な集団学習グループ（生活の発見会）とのより発展的な連携への期待も高まりました。

そして、後継者難に対する一つの解決法を見つけることができました。私たちの対話に基づく外来森田療法の経験が、外来森田療法のトレーニングを可能とし、森田療法のセミナーを行うことができるようになりました。一九九八年に第一回森田療法セミナーが東京で行われ、東北森田療法セミナー（二〇〇三年）、九州森田療法セミナー（二〇〇六年）、北海道森田療法セミナー（二〇〇六年）、関西森田療法セミナー（二〇〇八年）が行われるようになっていきました。

また、講演や、東京のクリニックに来られない人でも受けられるe－ラーニング（ウェブ上での遠隔治療）も積極的に行いました。そして、そこに参加した人たちとの出会いや対話から、多くのことを学んできました。

これらは森田療法の専門家のトレーニングを可能にしただけではありません。もう一つ、興味ある事実が明らかになりました。

外来森田療法の研修生から重要な情報がもたらされました。森田療法の対象となる神経質が、今まで無関係であると考えられてきた病にさまざまな形で関わっていることがわかってきたというのです。

気分障害、パーソナリティ障害、不安障害、心身症領域（例えば、皮膚科、歯科領域など）、発達障害（自閉症スペクトラム障害）、身体疾患領域（例えばガン患者）、統合失調症などに、その関係性が幅広く認められました。それらの病の形成のみならず、その慢性化、不安定化に関与しており、その神経質傾向に介入し、その人に合った生き方を見いだすことが、その病態の自然な回復をもたらすものと考えられます。

特に現代に幅広く見ることができる、心理的・環境的要因の強いうつ病、成人の発達障害などに、森田療法の効果が認められるようになりました。現代の心身の多様な障害に森田療法が再び有効な治療法として再発見されたのです。

さらに外来森田療法が狭い意味での精神科、あるいは心理領域での臨床のみならず、学生相談室、産業メンタルヘルスなどにも有用であることがわかってきました。

学生相談室のカウンセラーや産業メンタルヘルスに関わる専門家も森田療法に興味を持ち、それぞれの職場の実践に森田療法を生かすための研修や試みも盛んに見られるようになりました。原因を消滅させようとするのではなく、人をそのままに、大切に本来の姿を育むという視点がある森田療法に惹かれるのでしょう。

森田療法は、人を「健全な型」に収めようというものではありません。苦しみを消滅させるものでもありません。その人がすでに持っている生きる力を引き出し、苦しみとうまく付き合いながら自然に生きていく、「あるがまま」を目指すのです。その療法は、現代になったとしても、いや、むしろ悩みが多種多様になり本質的なものの大切さが見直されている現代だからこそ、発揮できるものと言えるでしょう。

今現在の私は、森田療法が二一世紀の重要な精神療法として生き延び、現代の悩む人たちの問題の解決に役立つと確信しています。

第二章　キーワードで知る森田療法のエッセンス

12のキーワード

この章では、森田療法のエッセンスを感じていただくために、その考え方を表すキーワードを選び、解説していきます。

キーワードとは、次の12の言葉です。

1 「できること」と「できないこと」
2 自然に生きる
3 内的自然
4 心の流動
5 「理想の自己」と「現実の自己」
6 とらわれ
7 「かくあるべし」と思想の矛盾
8 はからい
9 生の欲望と死の恐怖
10 感情と感情の法則

11　気分本位と事実本位
12　あるがまま

とくに難しい言葉はありませんが、みなさんが想像されるのと少し異なる意味の言葉もあります。

さっそく順番に見ていきましょう。

イメージしていただきやすいように、具体的な症例を適宜まじえて、説明していきます（なお、ケースはすべて、プライバシーに配慮し、特定の人をモデルとせず想像で書いています）。

1　「できること」と「できないこと」

人には誰でも、「できること」と「できないこと」があります。

まずこう考えることが、人の苦悩を理解し、介入するための基本となります。自分自身の悩みについても同じです。物事に悩む人は「できないこと」を何とかしようとして悪戦苦闘し、「できること」がおろそかになっているのです。

私たちが、何かに悩んでいるときのことを考えてみましょう。

悩んでいるときには、自分の「できること」に注意を払わなくなってしまいます。

そして、次のような事柄を、自ら何とかできる、あるいは何とかしたいと考えるのではないでしょうか。

たとえば、体や心の反応、苦しい・つらいという感情、考えや思い、まわりの出来事、他人のすること……。

それらを「できること」と考え、何とかしようとすればするほど、じつは、袋小路に入り込んでいき、「苦」はつのります。幻を追い求めて狩りに出るようなものです。

そこで、発想の転換を森田療法では促します。「できないこと」をありのままに受け入れて、「できること」に注目し、それに取り組み、没頭することが問題の解決の鍵となるのです。

では「できること」とはどのようなものでしょうか。まずは「できないこと」と「できること」を見分ける力を養うことです。それには、今までの考え方にとらわれない柔軟な発想を必要とします。その手助けをするのが、本書の目的でもあります。次には、悩みを持ちながら、「できること」すなわち現実の世界に直接踏み出し、目の前のことに取り組むこと、そこでの目的を達成するために工夫をすることです。

そして素直な何かをしたいという心の動きを感じ取り、それに乗って動いていくことです。これが後に述べる、森田療法の重要なキーワード、生の欲望を発見し、それを発揮することにつながります。それが悩んでいるあなた自身の個性的な生き方ともなるのです。

2　自然に生きる

次のキーワードは「自然に生きる」です。

「自然に生きることと、悩みの解決はどのような関係にあるのか」と思われるかもしれません。「そんな生き方は、現代社会では無理だよ」と思われる方もいるかもしれません。この「自然」という概念をベースに森田療法の考え方は組み立てられています。

森田療法では、人間のあり方を、「正常／異常」という枠組みではなく、「自然／反自然」という枠組みで理解していきます。たとえば、私たちは、人生でさまざまなつらい出来事に出会います。そのことは、落ち込み、不安、恐怖、怒り、絶望、嫉妬、羨望など不快でつらい感情を引き起こします。この感情が強く、長く続けば「正常／異常」という枠組みでは、「異常」となるでしょう。しかし、「自然／反自然」で見れば、そのような感情の経験自体は自然なことです。それをあってはならない、すっきりと取り除きたい、感じなくしたい、などと思考でやりくりしようとすることが、反自然的なのです。このような反自然的考え方が結果として苦悩を強め、私たちを追いつめます。では森田療法における

「自然／反自然」の枠組みとはどういうものなのでしょうか？

森田正馬の言葉を少し読んでみましょう。

> 人為的の工夫によって、随意に自己を支配しようとすることは、思うままにサイコロの目を出し、鴨川の水を上に押し流そうとするようなものである。思う通りにならないで、いたずらに煩悶を増し、力及ばないで、いたずらに苦痛にたえなくなるのは当然のことである。それなら自然とは何であるか。夏暑くて、冬の寒いのは自然である。暑さを感じないようにしたい。寒いと思わないようになりたいというのは、人為的であって、そのあるがままに服従し、これにたえるのが自然である。
>
> （森田正馬『神経質の本態と療法』白揚社、一九二八／二〇〇四年）

ここで森田は、私たちが自然な心身の活動を自分の思うように支配しようとすることが苦悩を作るのだ、と述べています。森田は、自然に生きることが私たちの苦悩の解決であるとしているのです。

このような思想の底流には、東洋における自然と人間の関係のあり方があります。

たとえば、老子は、「人為を捨てたとたんに自然はその機能を発揮しはじめる」と述べています。ここでの「人為」とは「かくあるべし」と自分で自分を縛る考え、頭でっかちな自己意識のあり方を指します。

また、自然とは、人知の及ばない正しい秩序を内包しており、無私、あるいは無我の状態のときに出現すると考えられています。人が生存発展するには、必ず自然に順応し、習わなければいけないのです（森三樹三郎『老子・荘子』講談社、一九九四年）。

倫理学者の相良亨《さがらとおる》は、「私」と「無私たらんとする心」の根源的対立が日本人の苦悩の根源であると述べました。とくに、明治以降、近代的自己意識、すなわち肥大した自己意識が日本人のなかに芽生え、「私」「みずから」に執着して容易に私を捨てされない時代となったといいます（相良亨『日本の思想』ぺりかん社、一九八九年）。

原始仏教では、私たちの苦しみとは「自己の欲するがままにならぬこと」「自己の希望に副わぬこと」（中村元『原始仏教』ＮＨＫブックス、一九七〇年）と理解されます。苦しみとは、すべてのものが無常である（自然である）のに、私たちが事物をすべてわがものであると考え、それに執着し、何とか思い通りにしようとする（反自然なあり方）から苦しむのだと考えます。この苦悩に対する理解も、森田療法にそのままつながっていくものです。

私は、このような反自然的（人為的）な生き方を「我執」と呼んでいます。反自然的な生き方をしていると、人生の節目で行き詰まりやすく、苦悩に陥りやすくなってしまいます。そして、森田療法では、反自然的なあり方から自然なあり方への転換を促していきます。

3　内的自然

森田療法では、私たちの根っこには「おのずからなるもの」というものがあると考えます。この「おのずからなるもの」は、私たちの「いのち」（生命現象）とでもいうものです。これを「内的自然」と呼びます。

私たちは無心になったときに、ありのままに周囲の世界や心身の現象を感じていけます。さまざまなものを生き生きと感じ取れる状態です。あるいは目の前のことに没頭しているときには、心と体が自然に動き、自在な行動が可能になります。これは頭で考えてそうしてやろう、そうなろう、と思ってもできることではありません。むしろそのように考えたことと結果は逆になります。あれこれ頭で考えることをとりあえず棚上げして、その時々の心身の自然な働きに任せていくことが必要なのです。

心と体で感じられる感覚、感情、生きる力などが私たちに備わっている自然な力（おのずからなるもの）＝「内的自然」です。

ちなみに、森田自身はこの内的自然を「生の力」（＝生きる力）と、呼んでいました。後に述べる「生の欲望」の根っこになるものとも理解できます。

先ほど述べた、老子の人為を捨てたとたんに自然がその機能を発揮するとした力です。これは私たちの生きるエネルギーの源でもありますが、悩みにとらわれますと、その生の力をしっかりと感じ取れず、発揮できなくなります。私たちが我に執着することの修正を通して、感じていくことが可能になります。

森田療法の重要な治療のテーマの一つです。

4　心の流動

悩んでいると、私たちはこの苦しみは、永遠に続くのではないか、と絶望してしまいます。そしてそれを何とかしようと悪戦苦闘し、いつも安心で、悩みのない世界を求めるのです。そしてしばしば人と比較し、他の人たちは悩みなどを持たないで楽しく、充実した人生を送っているように感じます。

しかし悩みのない世界などあるのでしょうか。あるいはいつも安心し、心穏やかに過ごしている人はいるのでしょうか。

森田はいいます。

私たちの精神は、「心は万境に随《したが》って転じ、転ずる処実に能《よ》く幽《ゆう》」というように、絶えず流動変転し、一瞬間も、静止し、固定しているものではない。だから精神の研究は、必ず外界と自我との相対する間に求め、その変化流転の内にきわめなければならない。

（神経質の本態と療法）

心は万境《ばんきょう》に随《したがい》て転ず。転ずる処実に能《よ》く幽《ゆう》なり。流れに随て性を認得すれば、無喜亦無憂なり。

（同）

右の言葉は、森田がよく引用するもので、禅僧摩《ま》拏《ぬ》羅《ら》尊者《そんじゃ》の言葉です。

私たちの心は川の流れのようにその時々の状況で変化していくもので一刻も同じではありません。私たちの人生も同様で、苦あれば楽あり、さまざまな出来事に私たちは遭遇します。それを一つひとつ、一大事だと落ち込み、とらわれると苦悩は益々増していきます。時々の喜怒哀楽は移ろいやすいものであり、その流れに身を任せていけば、素直に喜び、そして憂うことができ、心のあり方もまた流れていくことを経験できるのです。

人生のさまざまな出来事、それによって起こる感情をありのままに受け入れていく心の態度が、このような心の流動性をつかんでいけるようにするのです。森田療法ではこの心の流動性の経験を重んじます。

5 「理想の自己」と「現実の自己」

では、自然な自己のあり方とはどのようなものでしょうか。

そして、反自然的な悩む人の自己のあり方とは、どのようなものでしょうか。

これを具体的にイメージできると、森田療法の目指すものがわかりやすくなります。

私たちの自己は、自己意識、身体、内的自然からなりたっています。

図一を見てください。自然な自己のあり方を示した図です。

身体と内的自然には、私たちの感覚、感性、感情、生の欲望（生きる力）が含まれています。そして、自己意識と協調しながら、行動を通して環境と関わっていきます。

乳児期、幼児期において、自己意識は環境と密接に関連しながら成長していき、やがてその人なりの個性を獲得していきます。しかし、人生の節目や危機的状況では、自己意識はしばしば、身体、内的自然と不調和を引き起こしてしまいます。

この自己意識は、単純化すると、二つの自己に分けることができます。

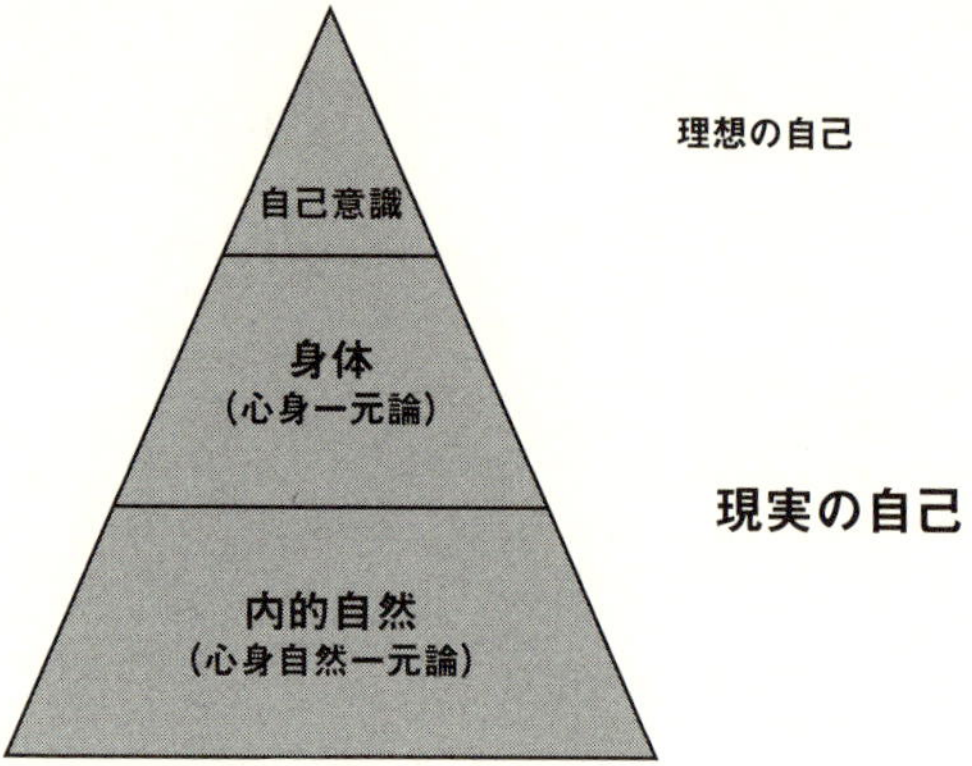

図一　心身自然一元論と自己の構造

それは「理想の自己」と「現実の自己」です。

「理想の自己」とは、〝かくありたい〟と望む自分です。

「現実の自己」とは〝かくある〟自分です。

この二つの自己が協調して、できるだけ自分が望む方向に近づきたいと環境に働きかけるのです。

図二をご覧ください。逆三角形になっています。これは、「理想の自己」が硬直し、〝かくあるべし〟と「現実の自己」を縛っている、そんな自己のあり方を示しています。

私たちの自己は、程度の差はあれ、このような不安定なかたちで育っていきます。しかし次第に「理想の自己」と「現実の自己」が協調するようになり、成長していくのです。

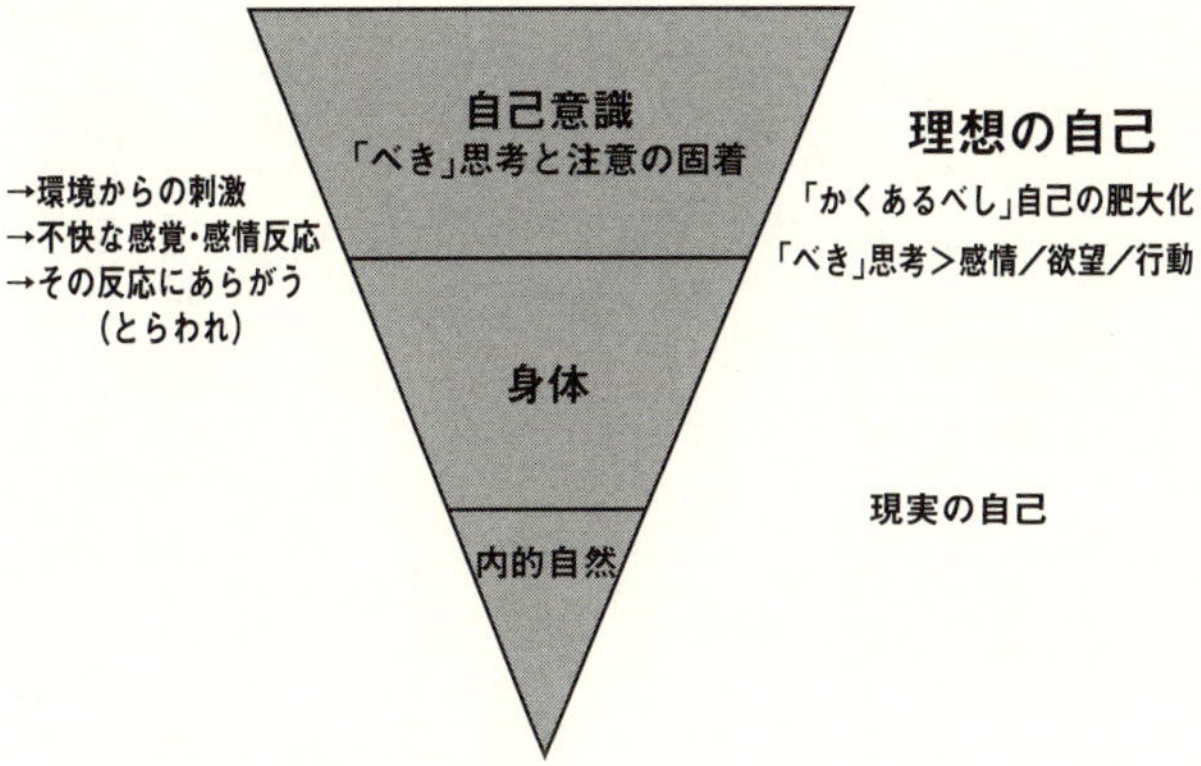

図二　とらわれと自己の構造

繊細で傷つきやすい人の場合、この逆三角形は鋭くなります。

また家族の支えが不十分だと、やはり逆三角形となります。

精神が安定した人でも、物事にとらわれ悩みはじめると、「理想の自己」は硬直化して、大きくなり、「かくあらねばならない」「かくあってはならない」などと、〇〇すべきという「べき」思考で「現実の自己」を縛ってしまいます。そのような自己のあり方は、人生の変化に対する適応を困難にしてしまうのです。

次に例をあげて考えてみましょう。

〈Aさんのケース　対人不安で悩む男性〉

Aさんは二〇代後半の男性です。一人っ子で、父親は彼に対して厳しく、母親は息子を溺愛して将来に期待していました。両親の仲は険悪で、幼い頃からAさんはおどけたりしながら、その仲裁をしていました。母親には、お父さんのようになってはダメだよ、立派になるのだよ、と言われて育ちました。繊細でしたが、明るく、活発な子どもでした。人を笑わせたりして注目を浴びるのも好きでした。

そんなAさんが変わったのは、高校に入ってからです。進学校でしたが、友人との仲違いから、クラスメイトから無視されるような、いじめに近い経験をしたのです。その頃から、明るさをすっかり失い、自分が変な顔をしているのではないか、そのため人に変に思われるのではないか、と人前で緊張し、性格も暗くなっていきました。そんな自分がいやで、また落ち込んでしまいます。外出もままならなくなり、心療内科で治療も受けました。うつ状態ということで薬物療法も受けましたが、効果はありませんでした。

大学には三年遅れて入学、何とか卒業後は就職しました。しかし、社会人になると苦しみはさらにつのるようになり、私のクリニックを訪れました。

Aさんは、「この十年間、症状が人生のすべてとなり、深い喪失感、挫折感、そして自己否定が毎日を支配している」「毎日が地獄だった」と語りました。

Aさんの診断名は、対人恐怖、慢性抑うつ状態（社会恐怖、気分変調症。ICD-10）です。

Aさんは、人前では堂々としているべき、活発な自分であるべき、という「理想の自己」に縛られていました。「現実の自己」をどうしても受け入れられず、苦悩していました。

このケースは、図二のような逆三角形の自己のあり方を典型的に示しています。Aさんは、親からの心理的自立と同年代の仲間づくりという思春期の課題を乗り切るのに失敗してしまったのです。そこにはAさんの繊細さや家族環境が大きく影響していました。

小さい頃から、Aさんは、人から変にみられてはいけない、堂々としていたい、などという思考が強かったそうです。

思春期には、「理想の自己」が大きくなり、他者を強く意識するようになります。Aさんも、「理想の自己」が強くなりすぎて、そこで「現実の自己」を受け入れられなくなってしまったのです。幼い頃の豊かな感性や活発な心の動きが失われ、常に他者の評価が気になるようになりました。人前でハラハラ、ビクビクし、落ち込んでいる自分（「現実の自己」）がたまらなくイヤで、またそんな自分を受け入れられませんでした。

森田療法を受けに訪れる人のなかには、Aさんのような悩みを持つ人が多くいます。その症状のあらわれかたは、人によって、抑うつ、不安や恐怖の悩み、パニック、強迫観念、慢性疾患などさまざまです。

それほど強い対人不安でなくても、人前で上がってしまう、プレゼンテーションでうまく喋れない、人にものをうまく頼めない、イヤといえない、人付き合いが苦手、など対人関係で悩む人たちは多くいます。

また、ある時期までは大丈夫だったのに……という人もいます。社会人になってから、母親になって、母親同士の付き合いが始まってから、管理職になって人前で話す機会が増えてから……などのケースがあります。

〈Bさんのケース　うつ病に悩む男性〉

Bさんは、四〇歳の男性。二人兄弟で、幼い頃から、優秀な兄に劣等感とライバル意識を持っていました。父は仕事のできるサラリーマン。母親には、厳しく欠点を指摘されてばかりいたと、いまでも少々恨みを持っています。大学を卒業後、就職した会社では、海外での研修も経験し、順調でした。

キャリアを買われて転職した後に、結婚し、子どもも生まれました。Bさんは、頑張り屋で、生真面目、人の評価が気になり、人の言動に振り回される傾向もあるようです。

転職先は成果主義の会社で、期待に添わなくてはならない、失敗できない、と常に緊張を強いられ、Bさんは、次第にうつ状態に陥っていきました。心療内科で、抗うつ剤などの薬物療法を受け、三ヵ月ほど休職しましたが、状態は一進一退でした。

その後、また転職をしたものの、他の人の言動が気になり、常に対人不安、過度の緊張状態が続きました。人ともっとよいコミュニケーションをとらなくては、認められなくては、失敗してはいけない、などの考えが、頭の中をぐるぐる回ります。それまでの薬物療法主体の治療に限界を感じ、父親の勧めもあって、私のもとを訪れました。

診断は、神経症性うつ病（気分変調症。ICD-10）でした。


うつ病と診断されたBさんの症状は、「理想の自己」と「現実の自己」との葛藤として理解できるものでした。

最近増えている、慢性化しやすいうつ病と診断されるケースの多くは、このような生き方の行き詰まりとしても理解できます。すなわち、他者の評価に、自己評価が連動し、環境に合わせようとして自分を見失ってしまうのです。Bさんも、人とのコミュニケーションを重視し、人に合わせて生きてきたのでした。

6　とらわれ

私たちは、年を重ねるにつれ、人生のサイクル＝ライフサイクルの中で変化していきます。親との関係が重要な思春期・青年期、社会人としての生活が始まる成人期、自分の生き方を問い直す中年期、そして老いを受け入れ、人生を振り返る老年期……。そのなかで、節目や危機が訪れます。そんなとき、私たちの自己は、しばしば、先に述べた逆三角形になります。「理想の自己」が、かくあってはならぬと、過度の緊張状態となり、神経が張り詰めたような感じとなってしまうのです。

自分が悩んでいるときのことを思い出していただければ、その感じがわかると思います。心が緊張して、ささいな外からの刺激、人の言動にゆれてしまいがちです。しかし、そんな不安定な自分は受け入れることができません。頭の中は、さまざまなつらい考えでいっぱいになり、生き生きした感じや、生きているという実感も失われます。

このような悪循環の状態を森田療法では、「とらわれ」と呼びます。

〈Cさんのケース　パニック発作にとらわれる男性〉

Cさんは三〇代後半の会社員です。姉が二人おり、唯一の男の子として母親にかわいがられて育ちました。父親は心臓神経症を患っていました。

子どもの頃からCさんは小心で、繊細な反面、勝ち気、負けず嫌いで自己中心的なところもありました。大学時代には、急な動悸に襲われたこともありましたが、自然に治りました。大学卒業後、就職した現在の会社で、順調に仕事もこなしてきました。

そのCさんの人生が暗転したのは、二年前のことでした。

仕事に追われていたある日、急に心臓がぴくっとするのを感じました。その後何度か同じような感覚に襲われたのですが、検査しても心臓に特に問題はありません。

その四ヵ月後、満員電車で、突然また発作が起きました。ドキドキして息苦しくなり、手足が震えます。腹部に痛みを感じ、冷汗が出ました。Cさんは大きな死の恐怖に襲われました。

ところが救急車で搬送された大学病院では、特に問題がないと言われました。

Cさんは、発作がまた起きたらどうしようと常に不安に駆られるようになりました。いつも、心臓の動悸や体調が気にかかり、ささいな身体の変化にも敏感に反応するようになり、それが原因だったのか、激しいパニック発作に見舞われるようになりました。そうなるとさらに症状がひどくなり、発作も起きやすくなるという悪循環に陥ってしまいました。

しまいには、電車に乗れなくなり、外出ができなくなり、会社にも行けなくなりました。一人で家にいることも不安となり、妻や自分の母親、義母にまで頼るようになりました。妻同伴で職場にやっとの思いでたどり着いても仕事にならず、すぐに会社の診療所にかけ込んでしまいます。とうとう休職となってしまいました。
Cさんへの診断は、パニック障害（ICD-10）でした。

このCさんの状態は、まさに「とらわれ」にあたります。新福尚武氏の論文「神経症説としての森田説と分析説との関係」（『精神医学第一巻七号』四七五—四八八頁、一九五九年）の表現によれば、「注意しすぎ、気づきすぎて、しかもそれを承認できずに煩悶する」といえるものです。

Cさんの最初のきっかけは、心臓のぴくっとした感じでした。その不安や、発作に伴う心身の反応に注意が引きつけられ、過敏になり、頭もいっぱいになり、いわば視野狭窄《しやきょうさく》現象の状態（気になったことしか目に入らない状態）になってしまいました。また起きたらどうしよう、という予期恐怖が、症状をますます強めることになりました（図三）。

何とかしなければならないという思いも、また症状を悪化させます。問題から逃げよう、避けようとするほどに、行動範囲は狭まり、とらわれは強まっていきます。

先にあげたAさん、Bさんの例も振り返ってみましょう。

Aさんのケースでは、人前での緊張、恐怖を何とかしようとすればするほど、そこに注

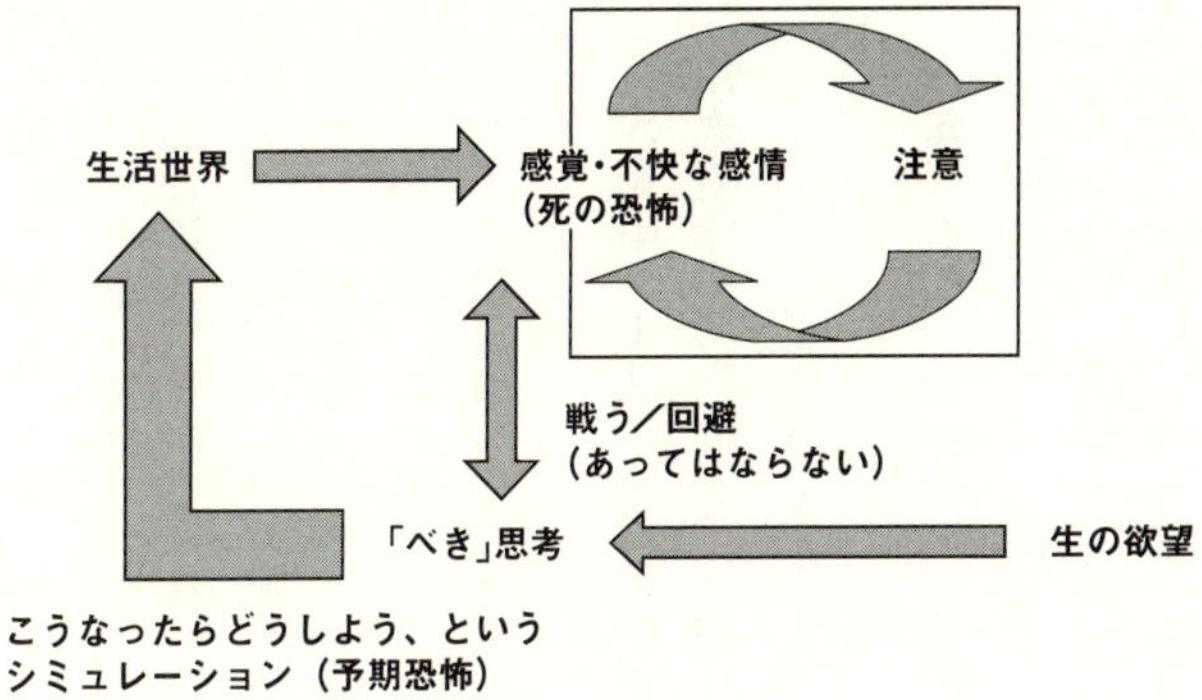

図三　とらわれ（悪循環）：視野狭窄現象の状態

意が向いてしまいました。そして、そのような自分を受け入れられず、相手にもビクビクした様子が伝わったらどうしよう、と想像し、また恐怖に襲われることになりました。

Bさんも他者の言動を気にしすぎて抑うつ、不安、恐怖に襲われ、一方でそんな自分が嫌で仕方がありませんでした。そして、その悪循環、すなわち先にあげた「とらわれ」から抜けられなくなりました。失敗して馬鹿にされ、相手にされなくなるという想像が、Bさんを追いつめるのです。

このように、私たちは人生の危機に襲われたとき、とらわれに陥りがちです。

このとらわれは、二つの要因から構成されています。

一つは、心身の不快な状態に注意が引きつけられ、それだけしか目に入らないというような視野狭窄現象の状態を呈するということです。

もう一つは、そのような自分の状態を受け入れられず、何とかしたい、と思うことです。ここには、かたくなな「理想の自己」が関わっています。何とか抜けようとすればするほど、蟻地獄のような状態にはまっていってしまうのです。

ここで、対人関係での「とらわれ」について考えてみましょう。

次にあげるのは母親と子どものケースですが、職場での人間関係、あるいは夫婦関係などにもあてはまるものです。


〈Dさんのケース　不登校の子どもを持つ母親〉

小学五年生の男の子の不登校に悩む両親が、私のもとを訪れました。両親は自営業を営んでおり、父親は子どもを甘やかすほうで、母親Dさんは教育熱心で厳しい面もありました。

半年ほど前から、急に学校に行かなくなったために、両親は心配して、息子に大きな病院の精神科をいくつも受診させました。全般性発達障害の疑い、あるいは落ち着きのなさからＡＤＨＤ（注意欠陥多動性障害）などといわれ、薬物療法などを勧められたとのことでした。しかし、薬物療法には不安があり、また診断にも納得できないため、いわばセカンドオピニオンを求めるかたちで来院されました。男の子自身はもう診察はいやだ、と来院しませんでした。

幼い頃からの心身の発達も特に偏ったこともなく、不登校が始まっても、夕方には友達とよく遊んでいたといいます。成績は中程度、母親Dさんは勉強についても厳しく、四年生から学習塾にも通わせていました。

心配した両親が不登校の理由を子どもに尋ねても、原因ははっきりしません。学校の先生の話でも、授業中に落ち着きがなく悪ふざけをするが、それ以外は特に問題はなかったそうです。

両親、とりわけ母親Dさんが、朝、付き添って登校させようとするのですが、息子は反抗的になり、修羅場になっていたようです。

Dさんと話していると、彼女の心理は、子どもに対するとらわれそのものでした。

子どもが不登校になってからは、不安、落ち込みがひどいそうで、朝の修羅場では、「学校に行かないなら、お母さんは死ぬから」と、自分で自分の首を絞めて、慌てて父親が止めに入ったこともあるそうです。「学校に行かないならば、夕方、友達と遊んではダメ」と禁止したことで、息子の不登校や引きこもりの症状がこうじてしまい、不安、苦悩もいっそう強まっていきました。

このケースでは、母子の間で起きているとらわれ（悪循環）が問題だと私は理解しました。

そして、両親に「お子さんの一挙手一投足にご両親、特に母親Dさんの注意が引きつけられ、意識され、気持ちがゆれてしまい、そのためにさらに子どもに注意が引きつけられるという状態です」と伝えました。

両親、とりわけ母親Dさんは、その通りだと納得したようでした。

「お子さんの様子を聞いた限りでは、ＡＤＨＤと決めつける必要もなく、薬物療法も必要ないでしょう。それよりもこの悪循環を切るための努力や練習をしてください」と話しました。

Dさんまでいかなくても皆さんも職場や家庭で、似たようなとらわれの経験はないでしょうか。

とらわれているとわかれば、そのとらわれの打破をすればよいのです。森田療法を行う治療者を森田療法家と呼びますが、森田療法家は、その人の苦悩をとらわれ（悪循環）として理解し、その打破への処方を行う専門家です。

7　「かくあるべし」と思想の矛盾

「思想の矛盾」という言葉はわかりにくいかもしれません。

まず「かくあるべし」（こうあるべき）という言葉から考えてみましょう。

森田は次のように述べています。


斯くあるべしという、猶お虚偽たり。有るがままにある、即ち真実なり。

（「生の欲望」『森田正馬全集第七巻』白揚社、一九三四／一九七五年）


「かくあるべし」という思考のあり方は虚偽だと、森田は述べているのです。

それは、どういうことでしょうか。具体例で説明しましょう。


〈Eさんのケース　完全主義者で疾病恐怖を持つ男性〉

Eさんは三〇代の男性で、専門職についています。結婚はしていませんが、付き合っている女性はいます。

Eさんの仕事ぶりは几帳面なのですが、そこまでしなくてもよいのでは、と周囲の人は思うほどのようです。納期のある仕事では、四苦八苦して何とか帳尻あわせをしていますが、細かなことまで気になって、これは大丈夫だろうかなどと考えてしまいます。家でも過去の仕事を思い出しては大丈夫だったかと不安になり、時には自分でもばかばかしいと思いながら、当時の関係者に問い合わせてようやく安心することもあります。

Eさんは、小さい頃から、神経質で潔癖症、完全主義でした。両親が厳しく、ほめられることが少ない子ども時代でした。

Eさんの性格には、そんな子ども時代の影響があるようです。完全を求める心には、失敗や批判、人から拒絶されることへの不安がありました。一方で、それが原動力になって、一生懸命勉強し、資格を取り、専門職につくこともできました。

しかし、その過程では、行き詰まり、落ち込み、そしてやっていることが間違いないだろうか、と不安になり、確認を繰り返すことがやめられませんでした。

Eさんをとりわけ苦しめたのは、疾病恐怖でした。HIV感染についての話を聞いてからは、感染ルート（例えば性的接触、注射、更に輸血）を連想させるものを見るだけで、汚れが体につくように感じるようになってしまいました。もやもやとした不快感から、それを消すために手を何度も洗い、長く風呂に入らなければならなくなりました。そんな悩みを誰にも打ち明けられずに、一人で悶々としていました。

仕事でも、作業がきちんとできていないのではと気になり、チェックにさらに多くの時間を割くようになりました。読書好きなのですが、本の内容がきちんと理解できていないのではないか、と繰り返しその箇所に戻って確認しているうち、だんだんイヤになってきて、しまいには読めなくなってしまいました。

Eさんはこれまで三回転職していますが、職場が汚れているように感じ、どうしてもイヤになったために、転職したこともあります。

しだいに、気になる対象は拡大し、自宅以外ではトイレに行きにくくなってしまいました。便器は汚くないか、前に個室を使った人は大丈夫か、逐一気になります。手を始終洗いたくなり、人の持ち物までアルコール綿で拭きたくなります。通勤もたいへんです。ときには着ていた服やバッグを使えなくなってしまうこともあります。旅行などで他人と同じ風呂に入るのもイヤでした。

これまで二、三のクリニックを訪れ、薬物療法（SSRI／抗うつ剤）や認知行動療法、カウンセリングなどを受けました。しかし、一時的にはよくなるもののすぐに後戻り、という状態を繰り返していました。

そのような自分がイヤになり、人間関係にも悩み、落ち込むことも多くなりました。これではダメだ、と森田療法のことを知ったEさんは私のもとを訪れました。

話していると、一見にこやかなのですが、手を常に宙に浮かしています。その手は洗いすぎのせいか、少々白くなっていました。

Eさんへの診断は強迫性障害（ICD-10）でした。


Eさんは、ＨＩＶ感染を恐れ、汚れを恐れ、不完全を恐れています。「こうあってはならない」「あれは大丈夫だったろうか」「これはどうだろう」と常に頭の中がグルグルと回っています。考えるほど不安がつのり、自信をなくしていきました。ついには、長時間かかるため、入浴自体が苦痛となり、逆に身のまわりを清潔に保てなくなってしまいました。仕事でも、完全を求めるがゆえに、締切を守れないことも増えました。

Eさんは、完全にやれないならば手もつけたくない、と「ゼロか百か」「白か黒か」という極端な思考に支配されていました。好きな本が読めなくなったのも、仕事に行き詰まっていったのも、そのためです。

このEさんのような悩みのあり方を「思想の矛盾」と呼びます。

ここでの「思想」とは、文字通りの思想だけでなく、観念や認識も含む概念です。

森田は、「思想の矛盾」について次のように述べています。

こうありたい、こうあらねばならないと思想することと、事実、すなわちその予想に対する結果とが反対になり、矛盾することに対して、私が仮に名づけたものである。

（神経質の本態と療法）

森田は、思考（思想）で自分自身を「かくあるべし」と縛っているあり方は虚偽であり、それはあるがままの心身のあり方を事実として知らず、受け入れていないのである、と指摘しました。そして、森田療法の治療目標として、この思想の矛盾の打破をかかげました。

「かくあるべし」「かくあってはならない」と決めつけて、本来自然な現象を自分の考え通りに支配しようとすれば、結果として、思考と逆のことが起こってしまいます。

Eさんも、まさにそのような事態に陥っていました。

先にあげた対人不安のAさんのケースについても、同じことが言えます。Aさんは、人に嫌われたくない、と悩み、結果として人に対してよそよそしくなり、人を避け、変な人、と思われるようになってしまいました。

Bさんは、まじめに仕事をし、人に認められたいと望んでいました。しかし人の期待に添わなくてはならない、評価を得なくてはならない、と自分を縛り、結果として相手や、ついには自分自身まで、裏切ることになってしまったのです。

Cさんも不安やパニックに陥ってはならないと考え、そうならないよう自分なりに行動しました。しかし、結果として行動範囲が狭まり、不安もひどくなってしまいました。望んだことと結果が、逆になってしまったのです。

これは、先ほどから述べてきた「理想の自己」が「現実の自己」を思い通りに支配しようとするありさまと考えられます。自己と世界を「思うがまま」に支配しようとするあり方は、現代人が陥りやすい罠であるともいえます。これを禅の言葉を借りて『悪智』と呼ぶこともあります。

8　はからい

自分の不安、恐怖、イヤだと思う感情、落ち込みなどを何とかしようとあれこれ考え、行動することを「はからい」と呼びます。人ははからえばはからうほど、苦悩、不安を強めて「とらわれ」の状態に陥ってしまいがちです。

禅の言葉に、「繋驢桔《けろけつ》」というものがあります。

これは、杭につながれた驢馬《ろば》が、逃げようとして焦って、グルグル回るほど、ますます杭にくっついて、動けなくなるというたとえです。

人は悩みがこうじると、この驢馬のようになります。悩みや不安・恐怖から逃れようとするほど、悩まないようにしようとするほど、自分を縛っている紐にますますグルグルに縛られてしまうのです。

また、「一波を以て一波を消さんと欲す、千波万漂（波）交々起こる」という表現もあります。一つの波を、一つの波を以て消そうとすると、かえって多くのさざ波が生じてしまうという意味です。

症状を消そうとすればするほど、その症状に振り回されるようになり、また症状はどんどんこうじていくのです。

9　生の欲望と死の恐怖

この「生の欲望と死の恐怖」は、森田療法の中でも、最も重要な考え方の一つです。第一章で述べたように、森田は幼い頃から「死の恐怖」で悩んでいました。病を恐れ、死を恐れ、それを何とかしたいと苦闘していました。避けられないものをなんとかしたいと苦闘するのは、先に述べた「思想の矛盾」です。言い換えれば、森田は死の恐怖をめぐる思想の矛盾に陥っており、そこから、森田療法確立の道へと進んでいきました。

森田は次のように述べています。

我々の最も根本的の恐怖は、死の恐怖であって、それは表から見れば、生きたいという欲望であります。これがいわゆる命あっての物種であって、さらにその上に、我々はよりよく生きたい、人に軽蔑されたくない、偉い人になりたい、とかいう向上欲に発展して、非常に複雑極まりなき吾人の欲望になるのである。

（第十二回形外会）

私たちの苦しみの根っこには、「死の恐怖」というものがあり、それはよりよく生きたいという「生の欲望」によって引き起こされるというのです。

「生の欲望、死の恐怖」と言いますが、森田療法ではこの言葉を、生死に直接関わらない、普段の生活のなかの欲望や不安にまで広げてとらえています。すなわち、「よりよく生きたい」「こうしたい、こうありたい」という欲望、そして、うまくいかないのではないか、という不安、ときに恐怖、までを含んで考えるのです。そしてその根っこにすでに述べたように「内的自然」、生の力が存在します。

たとえば、あなたが、すてきな異性に出会い、好きになったとします。胸がときめき、そしてその人に接近し、話してみたい、交際してみたいと思います。このような思いも、素直な「生の欲望」です。

あなたは同時に、「話しかけて大丈夫だろうか」「変に思われないだろうか」「拒絶されたらどうしよう」と悩むでしょう。真剣に好きになるほど、ハラハラドキドキ心はゆれます。このゆらぎがなければ、恋とはいえないでしょう。

そんなとき、相手に変に思われるのではないか、おかしいのではないか、嫌われるのでは、拒絶されるのでは、という思いにとらわれてしまったら、どうでしょうか。

あなたは、もっと楽な気持ちになりたい、苦しい、何とかそれを取り除きたい、相手とうまくコミュニケーションを取りたいと願い、緊張と格闘することになります。根っこにある「この人が好きだ」という素直な欲望が、ハラハラドキドキを取り除き、変に思われないための工夫のほうにいってしまいます。

そうなると、相手には素っ気ない、近づきにくい人と思われるかもしれません。これは、生の欲望が不安を取り除くために働き、本来の素直な気持ちが背後に隠れてしまっているからです。

素直な「この人が好き」という感情が、こうありたいという「理想の自己」に絡め取られ、自分を縛っているのです。それがこうじると、その人が好きなのか、あるいは拒絶されることが怖いのか、わからなくなってしまいます。

もう一つ例をあげましょう。

仕事で、たいしたことのないアポイントメントならば、さほど心は乱れません。しかし重要なアポイントメントの前には緊張して、うまくいかなかったらどうしようと、不安になります。あれこれ予想して心の緊張が高まります。過去に失敗した経験を思い出すかもしれません。そのときには手が震えていたなどと思い出されて、さらに緊張が増すかもしれません。うまくやりたいという欲望が強ければ、当然不安、恐怖も大きくなります。

さて、このようなとき、どうするか。

大きく二つに道は分かれます。

一つは、「緊張するのは当然、大切な面談なのだから」と、うまくやりたいという自分の欲望を素直に認め、ハラハラビクビクしつつも、あとはなるようにしかならない、と開き直って面談の準備と工夫をする道です。このような心の持ちようを、「あるがまま」と森田は呼びました。自分のこうあるべきという心のフィルターからではなく、ありのままの事実、ここではハラハラビクビクすることを認め、自分の素直な欲求に即して行動する心の態度です。これが本来の「生きる欲望の発揮」です。

もう一つは、自然な心の動きを受け入れられずに、こんなに緊張してはいけない、緊張を何とかしたい、と心の中で格闘する道です。

この場合は、たとえば瞑想したり、緊張せずに発表できるように何回も練習します。しかしそうするほどに緊張は高まります。そうなると、さらに、緊張しないことに心が向かってしまい、本来の目的、すなわち、自分の伝えたいことを伝えることは飛んでいってしまいます。伝えることが本来の「生きる欲望の発揮」のはずなのに、この欲望は、別の方向、すなわち緊張を取り去って堂々と話すことにいってしまい、空回りすることになり、自分で自分を追いつめてしまうのです。

こうなると「欲望が自分を縛る」状態になってしまいます。

最悪の場合は、体調を崩して、その面談に不調のまま出席する、あるいは緊張してはいけないと過度に緊張し、逆に頭が真っ白になってしまう、などということにも陥ってしまいます。思想の矛盾、つまり望んだことと結果が逆になってしまうのです。

私たちが何か作業をするときは、体の伸筋と屈筋がともに働くことで、道具を操作したり、動かしたり、ものを作り出すことが可能になります。心も同じです。私たちの心は、ある方向だけに流れているものではなく、常に相反するもので拮抗し、調和し、微妙な調整がなされています。欲望と恐怖・不安という二つの相反する要素が自然に拮抗して働き、それが調和のある行動を可能としています。そして、この拮抗作用が大きいほど、心は活発に働き、それが「生きている」という実感にもなるのです。

よりよくやりたい、よりよく生きたいという生の欲望が強いほど、うまくやれるだろうか、という不安・恐怖は高まります。優れた舞台俳優でも、本番前には緊張するといいます。しかし、それをむしろ自分を表現する力に変え、その場にのぞみます。素晴らしい演技とはそういうことから生まれるのかもしれません。しかし、普通の人の場合は、なかなかそうはいきません。

このように、生の欲望は、私たちの苦しみの源泉となり、一方で、生きる力ともなります。

では、生の欲望を苦悩の源泉としないためには、どうしたらよいでしょうか。

そのための二つのキーワードが「感情と感情の法則」「気分本位と事実本位」です。順番に見ていきましょう。

10　感情と感情の法則

森田療法で「感情」は重要なキーワードの一つです。が、その意味は、ふだん私たちが使っている意味とは少し異なります。

森田は自分の自然な感情とどのように付き合っていくかを森田療法の基盤にすえまし

た。

森田が挙げた感情の特徴は以下のようなものです。これを「感情の法則」と呼びます。

【感情の法則】

●感情はこれをそのままに放任し、もしくはその自然発動のままに従えば、その経過は山形の曲線をなし、一昇り一降りして、ついには消失するものである。

●感情はその衝動を満足すれば、頓挫し消失するものである。

●感情は同一の感覚に慣れるにしたがって、鈍くなり不感となるものである。

●感情はその刺激が継続して起こるときと、注意をこれに集注するときにますます強くなるものである。

●感情は新しい経験によって体得し、その反復によって、ますますその情を養成するものである。

（神経質の本態と療法）

人間の感情は自然なもので、誰の責任でもなく、それはただ時に任せて放置するしかありません。そのような認識を持ち、受容することが重要です。

森田療法を行う治療者（森田療法家）にとっては、この感情の法則をいかにきちんと正確にクライアント（患者のこと）に伝え、そして実際の生活場面で経験してもらえるか、が治療の鍵になります。これを理解できれば、クライアントは自らの不快な感情に対処しやすくなるからです。これがキーワード4で述べた「心の流動」の経験なのです。

感情の法則を感じとり、自らのものとしていくために、大切なことは、次の四点です。

一、生活世界を直接経験する

悩む人は、迷う人でもあります。過去を後悔し、先を憂い、今ここで生きていることを忘れがちです。あれこれ取り越し苦労して、現実に踏み出すことを躊躇します。頭でっかちで、グルグルと考え、石橋をたたいて、結局は渡らない人でもあります。あるいは不安に駆られて、それを打ち消すために、本来の目的でないことに逃避しがちな人でもあります。そのときに感じている感情に圧倒されてしまうのです。

禅宗の開祖、達磨大師の言葉に「前に謀《はか》らず、後に慮《おもんぱか》らず」というものがあります。森田自身が、とらわれた人たちへの比喩として使う言葉です。森田は次のように説明します。

例えば、私が自分がこんな病気がなかったらよかろうに、あの大正十年に、流感をおして講演をやらねばよかったのに、さては一昨年、あの夜、活動写真を見に行かなかったら、肺炎にもかからなかったろうに、とか既往の失策の繰り言をいわないのを「前に謀らず」と言います。「後に慮らず」とは、自分は旅行の途中で、つい大患にかかったら、九州で死ぬるような事があっては、という風に未来の取越苦労をしない事である。結局は自分が欲望に乗り切るために、その現在現在において、戦々恐々、注意に注意をして、間違いのないようにし、その上もしいけない事があれば、それは天命であって、倒れて後やむのみである、という風に、そのときどきの現在になるのである。……（中略）……

ここにおいて皆様に注意を促したいのは、吾人は自分の欲望にかじりつき、もしくは乗り切るという事によって、初めて自分の現在になりきる事ができる。

（「第十七回形外会」『森田正馬全集第五巻』白揚社、一九三一／一九七五年）

悩んだときには、私たちは、過去を後悔し（前に謀らず）、先々のことをあれこれ考え過ぎ、取り越し苦労します（後に慮らず）。そして「今ここで」生きることへの注意は、すっぽり抜け落ちてしまいます。

大事なのは、そのときどき、いま生きている生活世界に注意を向け、素直な生きる力に乗ってす〜っと生きることとです。そのような心のあり方が、心の持ちようを変えていきます。それが、「生活世界への直接経験」、すなわち「生活世界に行動を通して直接ふれあい、そこで多様で豊かな感情や欲望を感じ、それが自己理解を深めていく」ことです。そのような体験が、私たちの行動を、多様で、変化に富んだものにしてくれるのです。

二、感情の両面性を知る

苦があるから、楽があり、苦の中にこそ楽があります。

このような感情というものの両面性を知ることは重要です。私たちは苦悩を味わうとき、ついつい楽を求め、苦を取り除こうとして悪戦苦闘します。その結果として苦を強めてしまうのです。

森田はこのことについて、次のように述べています。

「苦楽共存」という言葉があるが、苦楽は「あざなえる縄の如し」ともいい、互いに関連して、取り離す事はできないものである。否それよりも苦楽は、同一事の両面の見方であるといったほうがよいと思う。

（中略）例えば私が病気である。これは裏から見れば残念であり不幸である。しかるにこれを表から見れば、これでさえも古閑君の保護により、行き先の歓迎により、ともかくも目的を達する事ができる。こんな幸福がどこにあろうか。

遠くへ旅行する。長い日数がかかる。裏から見れば、困難・危険・苦痛である。同時にこれを表から見れば、突破・成功・喜び・楽しみである。（第十七回形外会）

三、「苦」から経験すること

「苦」を「苦」として経験しないと、残念ながら「楽」は「楽」として経験できないのです。この順番を逆にしようとしたり、「苦」はあってはならないと決めつけてコントロールしようとすることが、私たちの苦悩の源泉となります。

四、苦悩に満ちた感情を「引き受けること」

悩む人は「引き受けられない人」「待てない人」でもあります。

さまざまな感情を受けとめ、引き受けられないと、それを取り除こう、あるいはそこを回避しようとして、結果として、感情の自然な流動性を失い、感情の豊かさも失ってしまいます。

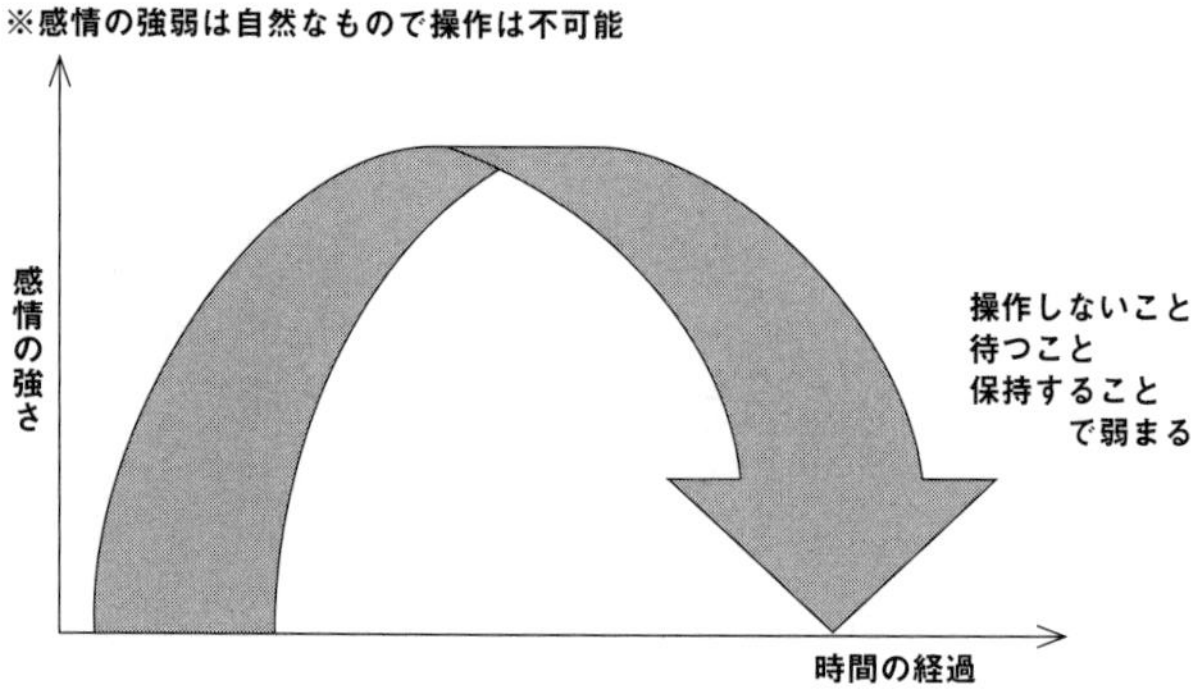

図四　感情の事実（森田正馬　一九二八年）

図四をご覧ください。感情のピークを描いた図です。

私たちは、感情のピークで行動を起こして最悪な事態を招くことがしばしばあります。怒りに駆られて行動すれば、結果として自分や周りの人たちを苦しめてしまいます。それは不安でも、パニックでも、恐怖でも、抑うつでも同じです。ピークをやり過ごし、そこでその感情を受けとめながら、考え、行動することが、その人の成長にそのままつながっていきます。

感情を引き受けること、抱え込むことは、確実にその人の心の器を大きくし、懐を深くし、結果として、本来の生の欲望に乗った行動ができるようになります。

11 気分本位と事実本位

森田は次のように述べています。

この本位という語について、思い違いの人が多いから、ちょっと説明しておきます。本位とは、物を測るのに、それを標準とする事で、人生でいえば、人生を観照して批判するところの、すなわち人生観の第一の条件とする観点を何におくかという事について、自分の気分を第一におこうとするものを気分本位というのである。毎日の価値を気分で判断する。今日は終日悲観しながらも、一人前働いたという時に、悲観したからだめだというのを気分本位といい、一人前働いたから、それでよいというのを事実本位というのでありま す。

（第十七回形外会）

これはたとえば、「仕事で一日のノルマを果たしても、そのときの自分は暗い気持ちに陥ってしまった、つらい、だからダメだ、という気分の良し悪しに注意を向け、そこで評価するのが気分本位。そうではなく、その日の気持ちが暗くても、ノルマ分きっちり働いたのだからOKと客観的に考えられるのが事実本位」ということです。

気分本位とは、非常に簡単に言えば、自分の気分に左右された生活、行動を送ることです。自分の気分の良し悪しを常にはかり、自分の気分が悪いとガッカリし、それを何とかしようと悪戦苦闘し、結果としてますます自分を追い込んでいってしまうことです。

悩み出すと（先に述べた「はからい」にはまり「とらわれ」の状態になると）、私たちは、気分本位となってしまいがちです。

一方、事実本位とは、そのときどきの事実（客観的な行動、あるいは成し遂げたこと）を重視するもので、気分本位と対照的に用いられる言葉です。

「気分と行動を分けて考え、行動しよう」と、私はよく悩んでいる人に勧めます。そして気分にとらわれたままでよい、気持ちが暗いならそのままでよいので、今ここでできることを考えてみようと助言します。

「外相整いて、内相自ずから熟す」

という言葉があります。この出典は、『徒然草』の「外相もし背かざれば、内証必ず熟す」だと言われますが、私が治療でよく使う言葉の一つです。

いろいろな解釈がありますが、私は、心は自分の思い通りにできないもの、それはそのままに受け入れ、棚に上げて、まず外相、生活面での行動を整えていけば、心も後から自然に整ってくるもの、と理解しています。

本章の最初に「できないこと」と「できること」を分けようと述べました。できないことを受け入れ、できることをするというのが、森田療法の基本的な考え方です。つまり「内相」を操作することはできませんが、「外相」（生活）を整えることは、できることなのです。そして、そのような認識の転換を援助していくのです。

ここでまた、Ａさん、Ｂさんを見てみましょう。

Ａさんにとって、治療を受けるまでの人生は、人前で緊張するかしないか、人に変に思われていないかどうか、を基準に生きていた人生でした。人前で緊張なく過ごせれば、有頂天となり、逆に緊張し、しどろもどろになって話す経験をすると奈落の底に突き落とされたような絶望的な気持ちとなる、そんなふうにして生きてきたのです。大学を卒業し、上場企業に就職できた、というような、自分が成し遂げた事実を客観的に認めることができず、それはたいして嬉しいことではありませんでした。

Ｂさんも同様です。緊張し、不安となり、落ち込んでしまう自分自身がたまらなくイヤで、努力してできたことも、客観的に評価できませんでした。不安のない、落ち込まない自分を求めて、薬物療法に頼り、結果としてさらに事態を悪くしていきました。Ｂさんも、自分が成し遂げたことの事実よりも、気分に振り回されていたのです。

Ａさん、Ｂさんは気分本位に陥り、悩んでいるといえます。このように悩む人に、気分本位から事実本位に認識を転換できるよう、森田療法は援助していくのです。

12　あるがまま

「あるがまま」は、森田療法の極意ともいえる言葉です。第一章で説明したように、森田が晩年に得た深い人生観と結びついています。

まず、森田の言葉を見てみましょう。

要するに、人生は、苦は苦であり楽は楽である。「柳は緑、花は紅」である。その「あるがまま」にあり、「自然に服従し、境遇に柔順である」のが真の道である。

（「第十八回形外会」『森田正馬全集第五巻』白揚社、一九三二／一九七五年）

ここに「あるがまま」という言葉が出てきますが、苦を苦として引き受け、むしろそれになり切ったときに、楽が見えてくると森田は言うのです。苦を避け、楽を求めること自体は、思想の矛盾であり、かえって私たちを追いつめ、苦悩から逃れられなくすることになります（思想の矛盾とは、先に述べたように、そのときどきの感情を、そうあってはならない、と抑えることで、森田が、不可能な努力、反自然的な心のあり方としたものです）。

人生の困難、苦を引き受けてこそ、健康な生の欲望を実感し、素直にそれに乗っていけるのです。そのように、あるがままとは、受け身なだけではなく、ダイナミックな動きを伴う経験なのです。

読者の皆さんは覚えていらっしゃるでしょうか。森田は九歳のころ近所のお寺で地獄絵を見て以来、死の恐怖にとらわれ続けました。彼の半生は、死の恐怖からいかに逃れるか、それを恐れなくてすむのか、という闘い、試行錯誤でした。森田は五七歳のとき、このようにしみじみと述べています。

私は少年時代から四十歳頃までは、死を恐れないように思う工夫を随分やってきたけれども、「死は恐れざるを得ず」という事を明らかに知って後は、そのようなむだ骨折りをやめてしまったのであります。

（第十二回形外会）

結局それは、「死は恐れざるを得ず」だったのです。死の恐怖を取り除くことを、あきらめ、受け入れるしかない、と深い自覚に至ったのです。

ここでの「あきらめ」という言葉の意味について、ひとこと説明しておきます。『岩波古語辞典』によれば「あきらめ（明らめ）」とは、「①（心の）曇りを無くさせる、②明瞭にこまかい所までよく見る、③（理にしたがって）はっきり認識する、④事の筋、事情を明瞭に知らせる、⑤片をつける、処理する、⑥〔諦め〕断念する」とあります。

つまりあきらめる、とは、物事をありのままに認識し、そして執着を切る、断念するということになるでしょうか。この点は、あきらめを語る場合に重要です。あきらめとは、単なる敗北ではないのです。


恐いものは恐い、と死の恐怖を森田がその本質を明らかにし（あきらめ）て自覚し、そして受け入れたときに、もう一つ重要な心の事実が浮かび上がってきたのです。

それが「欲望はこれをあきらめる事はできぬ」です。

ここでのあきらめの意味は、先の用法とは異なり、断念という意味です。森田自身も、死の恐怖をありのままに受け入れたときに、森田の素直な生の欲望（生の力、おのずからなるもの）が自覚され、それに乗って生きることが可能になったのです。

これをまとめると、次のようになります。

一、恐ろしいものは恐ろしい、それはどうにも仕方がない心の事実です。それをどうにかしようとするとき、私たちの苦悩が始まるのです。
その心の事実をあきらめ、ありのままに受け入れ、経験することがあるがままの一つの側面です。それには、まず苦になり切ることです。そこから初めて楽が見えてくるのです。残念ながら、その逆はありません。

二、その苦悩になり切ったときに、もう一つの重要な心の事実が自然に私たちの心に浮かび上がってきます。それが生の欲望（生きる力）です。その人の素直な気持ちがそのまま感じられるようになり、生活世界での柔軟で自在な行動として発揮されるようになります。

生の欲望と死の恐怖、この二つは密接に絡み合っています。だから両方を受け入れてこそ、私たちは生き生きと世界を感じ、素直に人と交流し、不安、恐怖、落ち込み、悲しみ、喜び、怒りなどをしっかりと感じながら、生きることが可能になるのです。それが生きている実感をもたらします。

三、そのような豊かな感情と、素直な〇〇したいという気持ち（生の欲望／生きる力）は時を経て変化し、流動する心の経験です。その経験は常に生活世界にありますから、心が生活世界に開かれていれば、私たちは自在かつ柔軟に関わっていけるようになります。

一から三までの心のあり方が「あるがまま」です。森田療法の治療の目標は、この「あるがまま」なのです。

「あるがまま」は、単なる理念ではなく、私たちが自らの悩みから抜けるときに経験することです。

「あるがまま」は「事実唯真《じじつただまこと》」とも言い換えられます。

「事実唯真」について、そのあり方を森田は次のように述べています。

本当の大悟徹底は、恐るべきを恐れ、逃げるべきを逃げ、落着くべきを落着くので、臨機応変ピッタリと人生に適応し・あてはまって行くのをいい、人間そのものになりきった有様をいうのである。

心悸亢進でも、梅毒恐怖でも、当然恐るべきを恐れ、注意し用心すべきをするのが、「事実唯真」である。恐るべきを恐れてならないというのを「思想の矛盾」といい、悪知といい、それは決して人間の心情の事実ではないのである。

（「第二十二回形外会」『森田正馬全集第五巻』白揚社、一九三二／一九七五年）

人間の自然な心をありのままに認め、恐ろしい病気は恐れて用心するものだというふうに、自在に行動することが「事実唯真」です。それと反対の「恐れてはならない」という「べき」思考による心のあり方が、思想の矛盾です。

さて、この章では、森田療法の12のキーワードについて、説明してきました。苦悩から回復するために、具体的にどのようなプロセスを経ていくのか。「あるがまま」の境地にどのようにしてなっていくのか。

現在行っている治療の実際を、次の章ではお話ししていきます。

第三章　治療はどのように行われるのか

1　治療のスタート

最後の章では、森田療法の治療が現在どのように行われるのかを、お話しします。第一章でも述べたように、もともと森田療法は入院して行われていたものでしたが、今ではほとんどが入院ではなく外来で行われています。区別する意味で学界では「外来森田療法」と呼んでいるのですが、この章では、いちいち「外来」をつけず、「森田療法」で統一します。また、医師によって細かい違いはありますが、基本的なプロセスは同じですので、私がふだん行っている治療を基本にお話しします。

外来を訪れるのは、慢性的な不安、うつ、あるいはさまざまな人生上の問題で悩む人たちです。引きこもりなどの子どもの問題で悩み、来られる方も多数おられます。

問い合わせがあると、私の場合は、まず、あらかじめ治療のシステムや費用などについての資料を郵送します。それを見て希望された方に電話での問診を行い、簡単に治療の方針を伝えます。たとえば、「長い間うつと不安で悩んでいます。薬などいろいろ治療を受けたのですが、よくならなくて……」という方には、話を端的に聞いたうえで、私の理解を短く伝えます。

「症状が長引いているのは、「もっと、もっと」と自分を追い込み、どこか無理をして生きている場合が多いのです。それを変えることが、ここの治療ということになります」といったお話をします。そして、この段階で、森田療法では症状を標的とするのではなく、その根っこにある生き方の転換を図り、自分の自然な本来の生き方、「あるがまま」を目指すのだ、と明確に示すことにしています。

そこで納得された方には、初回面接までに、それまでの経過について簡単に書いてもらうよう依頼します。

治療の基本は外来の面接です。面接での治療では、多くの場合、日記を使った治療、日記療法も同時に行います。メールを使う場合もあります。遠方の方の場合、メールによる日記療法と電話面接、あるいはスカイプを用いた面接を行うこともあります。森田の時代には、手紙のやりとりなどによる通信療法も、積極的に行っていました。

面接でもメールなどでも効果はあまり変わりませんが、直接お会いしてのほうが、医師もクライアントも互いの人柄がよく分かり、安心して治療を進めることができます。

子どもの問題の場合は、たいてい母親から電話で相談があります。その場合は、「本人を無理に受診させなくても結構です。まずご家族の対応について相談しましょう。しかしここに来ることは本人にも伝えてください」と話し、家族の面接から始めます。

森田療法の治療経過は決して平坦ではありません。それは人生の航路に似ています。おだやかに進む時期もあれば、嵐に見舞われたようになる時期もあります。順調にいくときも、行き詰まるときもあります。治療者は悩む人たちの随伴者として、そんな航路を乗り切ろうと試みます。

治療のドラマは、初回面接から始まり、治療の初期、中期、後期を経て終了に向かいます。実際どのように心のあり方が段階を経て変わっていくのか、第二章で登場したクライアントにも適宜登場してもらい、説明していきましょう。

2 初回面接——話を聞き、そこから問題点と解決法を示す

初回面接の六項目

初回面接の前に書いていただいた経過をもとに、面接ではそれを見ながら、生い立ちと

育った家庭のこと、どのような子どもだったのか、を聞いていきます。そして、人生のどの時期に挫折したのかを確認します。決して平坦とは言えなかった人生を生き抜いてきたことをねぎらい、共感し、そしてそこから、何が問題かを絞り込んでいきます。

悩む人に初回面接で確認し、伝えることは、次の六項目です。

一、とらわれとそこでの自己のあり方を明らかにする
二、苦悩における、死の恐怖と生の欲望の絡み合いについて説明する
三、過剰な生き方／受動的な生き方について説明する
四、「できないこと」と「できること」を分けることを提案する
五、自分の生い立ちを見直す
六、日記療法の大切さを伝える

もちろん人によってある程度異なりますが、基本的な枠組みは変わりません。では、それぞれの項目を説明していきましょう。

一、とらわれとそこでの自己のあり方を明らかにする

悩む人は、この苦悩さえなければ、自分はもっと楽に生きられるのに、どうしてこのような苦しみを自分は背負わなくてはならないのだろうと苦しんでいます。そして、自分の悩みは人には理解されない、とうてい解決できないことだと無力感に苛《さいな》まれています。恐怖、不安、落ち込みを何とか軽くしようと、身近な人に依存したり、あるいは逆に避けたりもします。それによってさらに無力感が強まり、惨めな気持ちはなくなりません。

第二章で述べた「とらわれ」を思い出してください。まさにその状態です。

このとらわれは、その人の年代や、人生のサイクル、おかれている状況とも深く関係します。対人関係も絡むと、二重三重のとらわれとなります。

そこで、現代の森田療法では、絶望や悩み、苦悩によりそいながらじっくりと聞き、とらわれ（悪循環）という視点から、その苦悩を読み直します。つまり、苦悩に追い込まれていっている現在のあり方をそのままつかむ作業から始めます。

自分がそのような状態にあることは、本人もうすうすわかっているので、指摘されれば、「なるほど」と納得します。

例としてAさん（対人不安で悩む二〇代の男性、P97）に、ふたたび登場してもらいましょ

う。

Aさんが、最初につまずいたのは、思春期でした。

思春期とは、親の庇護下にあった子ども時代を卒業して、新たに広がった世界に出会う時期です。身体的にも第二次性徴が始まります。同年代の仲間と出会い、人間関係を作り、大人になる第一歩を踏み出します。当然情緒的にも不安定になる時期で、「理想の自己」（「べき」思考）が、その人の考え方の多くの部分を占めるようになります。時には親、学校の先生、社会的に権威のあるものに対して、批判的にもなります。思春期には、頭でっかちな逆三角形の自己のあり方が顕著となります。それゆえ、さまざまな不適応や挫折を経験します。適応障害（たとえば、不登校など）や神経症性障害もこの時期に発症しやすくなります。

多くの例では、対人不安を感じ、それが恐怖、抑うつなどを強めます。たいていは同性同年代の子どもが苦手です。不登校に陥っている子どもたちは、同年代の子どもたちに出会うことを怖れます。そのためよけいに引きこもり、買い物にも人目を避けて夜出かける、などの行動をとります。

Aさんも、思春期に、そんな経験をしていました。

人前で緊張し、不安になり、そしてまた繰り返すのではないか、と恐れていました。さらに過ぎ去ったことをあれこれ後悔し、何とかしようとあらがうほど、絶望の淵に自分を追いやっていきました。人に相談するにしても、家族関係もよくないし、自立心の強いAさんは一人で悶々と苦しんでいる状態でした。自己啓発の本もたくさん買って読みました。話し方教室にも行きました。しかしそのような試みは、かえってとらわれを強めていきました。それが、Aさんのこの十年でした。

私は初回の面接で「思春期のころから、いかに人前で緊張しないか、人前で緊張しないためにはどうしたらよいのか、を基準にして生きてきたのですね。大変な人生でしたね。しかしよく頑張りましたね」と、まず共感を示しました。

そして、Aさんに対して、彼のとらわれの構造を明らかにしていきました。

Aさんは、はっとしたようでした。私はこう言いました。

「悪循環がこのように起きていて、Aさんはつらいのです。こういう状態を『とらわれ』と呼びます。問題を解決するには、このとらわれを打破することです」

Aさんは「自分はダメな人間だ、弱い人間だ」と苦悩していたのですが、とらわれという違った視点を提供することで、問題の読み替えを行いました。

二、苦悩における、死の恐怖と生の欲望の絡み合いについて説明する

第二章では「生の欲望と死の恐怖」というキーワードについて述べました。

人の自己の構造の根っこには内的自然（いのち）があり、それが生の欲望を生み出します。ところが、頭でっかちな「理想の自己」が「現実の自己」を支配する逆三角形の生き方になると、こうあるべきだ、こうあってはならない、などの恐怖に基づく「べき」思考に生の欲望のエネルギーが奉仕して、空回りする事態に陥ってしまいます。それがさらに二重、三重のとらわれを引き起こし、悩む人を追い込んでいく構造です。この構造を説明し、生き方の転換を迫られているのだ、と説明します。

彼らに私が感じるのは「もったいない」ということです。悩む人は豊かな生の欲望を持っているのに、その方向が「理想の自己」（「べき」思考）のほうにかたくなに向かっているために、苦しんでいるのです。

三、過剰な生き方と受動的な生き方について説明する

悩む人たちは、自分には何か欠けている、欠陥、欠損がある、と深く悩んでいます。

そしてその欠損と感じているものを埋めるために、必死に努力をします。コミュニケーションがうまくいかないと思えば、話し方教室、アサーティブネストレーニング（自己主張の訓練）、自己啓発セミナー、あるいはポジティブシンキングのトレーニングなどに参加

したりします。

しかしながら、苦悩に翻弄《ほんろう》されるために、周囲にはそのように理解されず、わがまま、自分勝手、怠け者、弱い人などネガティブな評価を受けます。そして、ますます、ダメな自分、欠損している人間だと決めつけます。

それは、足りないものを埋めようとする足し算の発想です。

森田療法では、まったく違った発想を提供します。

「悩むのは、その人に何かが足りなかったり欠損があったりするのではない」という発想です。むしろ「現実の自己」を受け入れられず、「理想の自己」を追い求めるという過剰さゆえに苦しんでいると考えるのです。

そして、「悩むことには意味がある」のだとお伝えします。

悩むことにどのような意味があるのだろうか、といぶかる方もいると思います。しかし、今生じている悩みは、「これまでの生き方は行き詰まっていますよ、これでは本来の生きる力を発揮できませんよ」という警告なのです。

Dさん（不登校の子どもを持つ母親、P107）もまたそうでした。Dさんは、子どもの不登校が起こったのは自分の愛情が足りないからなのでは、とそれまで夫と一緒にしていた仕事を辞めてしまいました。そして何とか学校に行ってもらおうと子どもに働きかけました。いやがる子どもをいろいろな病院に連れ回し、そのことも混乱に拍車をかけることになりました。

この過剰な愛情が支配となり、結果として子どもの引きこもりを強めてしまったのです。母親は「死にたい」とまで漏らすようになりました。

私は、「お母さんの愛が足りないのでなく、むしろ過剰なのです。それがお子さんの一挙手一投足も見逃さないというとらわれとなったのです。これではお母さんもお子さんも地獄です」と伝えました。Dさんは愛という名の過剰な欲望ゆえに本来の生き方を見失い、それがまた子どもへのとらわれを強めていったのでした。

四、「できないこと」と「できること」を分けることを提案する

治療の基本として私は、クライアントに「できないこと」と「できること」を分けるよう提案します。これも第二章で説明した概念です。

具体例を見てみましょう。

さきほどのDさんには、次のように伝えました。

●子どもには、学校は行きたくなったら行くように伝えること。
●朝学校に行く、行かないという綱引きを止めること。朝起こしたらあとは子どもの気持ちに任すこと。
●夕方の友人との遊びは、大いに勧め、自由に遊ばせること。
●塾には今まで通り通わせること。
●両親は、自営を始めた頃の初心にかえって、仕事に取り組んでいくこと。

子どもの不登校をなんとかしようと「できないこと」に格闘するのではなく、塾に行くことや遊ぶことなど、「できること」に取り組むよう助言しました。

「できないこと」をあきらめ、受け入れること、それが悪循環の打破の第一歩です。そして「できること」に取り組むことはそのまま「あるがまま」へとつながる道です。

今までと違った視点から解決法を提示され、両親は〝目から鱗という経験をした〟と後の面接で感謝と共に述べてくれました。母親の不安もだいぶ解消され安心もしたようでした。

その後すぐの面接は、さきほどの行動処方を確認しながら、「両親が子どもの欠点探しでなく、良い面を見ていきましょう」と伝えていきました。

実際二ヵ月後には、子どもは段々本来の活発さを取り戻し、学校の問題についても自分でなんとか乗り越えたようで、ある朝、自分で起きて、学校に行きたいと言い出しました。

このように親子間で起こっている悪循環を解きほぐすことから、児童期や思春期、青年期の問題に関わっていく介入方法はきわめて汎用性が高い方法です。不登校のみならず、不安障害（社会不安障害、強迫性障害）、うつ病などにより引きこもってしまう子どもたちや思春期の若者たちにも有効だからです。受診を拒否しご両親を困惑させていた子も、親と子どもの悪循環がゆるめば、進んで受診しそれから治療がスタートする場合も少なくありません。

逆に、子どもの問題行動だけに焦点を当てて、「できないこと」を無理矢理させようとすると、さらに問題行動の悪化を招き、それが問題の固着化を招きます。

子どもに限らず、配偶者が不安障害やうつ病のときにも、このような悪循環はしばしば起こります。その悪循環をゆるめることで、それらが改善することもまれではありません。

五、自分の生い立ちを見直す

伝統的な森田療法では一般に過去を問わないことになっていました。しかし私は、悩んでいる人がどのような家庭環境で育てられ、学校生活に適応していたか、などについて聞くことにしています。

「理想の自己」が肥大した逆三角形の形となった反自然的な自己のあり方が、いつからどのような形で始まったのか、その自己の不安定さからまわりの人をどの程度巻き込んでいるのか、そして生活の場からどの程度引きこもっているのか、などを確認します。

また、両親や配偶者との関係のあり方、そこでの葛藤も、はっきりさせていきます。

ここで私が必ず聞くことは、彼らにとって「よかった時代」のことです。「理想の自己」が「べき」思考によって肥大する思春期以前、小さい頃はどのような子どもだったか、小学校時代にはどのようなことに興味をもっていたのかや、友だちとの関係などを聞きます。

それは、治療の後半に重要な意味をもっていきます。治療が進んだときに、その「よかった時代」の行動パターンが表れることがあり、そこから回復の糸口が見えてくるからです。

六、日記療法の大切さを伝える

日記療法とは、日常生活・社会生活の中での取り組みや実践を、毎夕、日記に書いてもら治療法で、一九一九年、森田正馬が入院森田療法を始めたときから行われていました。しかし、すべての人に日記療法を行うわけではありません。日記療法を望まない人は、面接だけ行います。

頭の中だけで考えた抽象的な自分探しは新しいとらわれを生み、その人を「自分はこうでないといけない」と縛り、結果として悩みの袋小路に追いやってしまう可能性があります。そして、「何をしたいのかわからない」「何の意欲もわかない」としばしば訴えることとなります。しかし、自然なその人らしさは、頭で考えて結論が出るのではなく、行動を通してわかってくるものです。今のつらい状況をありのままに受け入れていったときにこそ、世界は広がっていきます。

その気づきをうながすために、毎日夕方に仕事やプライベート、生活の中で実践したことを日記に書いてもらいます。

私のやり方では、日記はメールで送ってもらうか、大学ノートに書いて面接に持参してもらいます（ノートは二冊用意します）。それに私が目を通して、コメントを加えます。コメントはできるだけ短く、そして具体的にするように心がけています。できるだけ考えすぎないで、五感を使い、感性を磨き、豊かな感情や○○したいという意欲（生の欲望）を実際の生活場面で感じ取り、主体性を発揮してもらえるようにアドバイスします。

従来の伝統的な森田療法における日記療法では、日常生活でどんな行動をしたのかを中心に書くことが求められていました。しかし、私が行っている現代的な森田療法では、それよりもむしろ〝何を感じたか〟について自由に書くことを勧めます。日記療法では、主体的に自分の感情を見つめ、味わい、それを書き留め、その日記を通して治療者と対話していきます。日記を通して自己の感情をありのままに受け止め、消化し、自分自身への理解を深めていくことが、自分らしさを見つけていく端緒となるのです。

悩む人には、「日記を書くことがあなたの治療のための作業です」と伝えます。実際一年間日記療法を続ければ、三六五日、自己の内面を見つめることになり、問題の解決に日々取り組むことになります。

〈Fさんのケース　傷つきやすい青年の日記療法〉

Fさんは、母親に溺愛されて育ちました。他人に気を遣い、敏感で傷つきやすいところがある半面、勝ち気でプライドが高い性格でした。小学時代は成績優秀、仲間の中心的存在で、三枚目的な、おどけて仲間を笑わせる面もあったそうです。中学時代も活動的でした。

中学校に入ると、人との勝ち負け、優劣を意識し、勉強の成績が気になるようになりました。しかしクラブ活動、生徒会活動にも熱心で、かつ学業も優秀でした。そのような順調な生活が暗転したのは、有名な進学校に入ってからでした。周囲は優秀な学生ばかりで、劣等感を感じ、学業も投げやりになりました。クラスにも溶けこめず、人に非常に気を遣い、とても疲れやすく、無気力になってきました。慢性的なうつ状態が続きました。友人とも付き合うことが恐くてできなくなり、うつ状態と共に、人にどう思われているだろうか、という対人不安が出てきました。

このころから父親を避け、家族では母親とだけ話すようになりました。ある大学に入学はできましたが、自分はダメだ、他の人に劣っている、と強い劣等感、抑うつ気分、対人不安が強まりました。また勉強しようとしても「勝ち負け」にこだわり、負けたくないと思うと、勉強にも手が出なくなっていきました。そして激しくゆれながら、かろうじてサークルに顔を出し、時たま大学の授業に出席している状態でした。

さまざまな治療を受けてきましたが、治療関係をうまく築くことができずに中断してしまいました。万策尽きた感じで私のもとを訪れました。

Ｆさんの治療は日記療法を中心に行いました。Ｆさんの症状は、心理的、環境的要因の大きい現代的うつ病と考えられ、薬物療法の効果はほとんどみられませんでした。

Fさんは、日記では大胆かつ饒舌で、徹底した自己否定を行い、他者、たとえば治療者や周囲の人、家族に対しても辛辣に、時には肺腑を衝く表現を用いました。そんなことを考えていたのか、と驚くほど率直に自己の内面を表現しました。しかし実際の面接場面では、抑制的で緊張しており、言葉少なくおだやかで、時にはニコニコしていたりします。

普段の対人関係でも同じでした。激しい感情や思考とはうらはらに、積極性はとぼしく引きこもりがちで、人から変に思われないようにその場その場を取り繕おうとするのです。繊細で傷つきやすい自己（「現実の自己」）を守るためとも考えられますが、そういう自分がまた彼にとってはたまらなくイヤなのです。そのギャップを埋めるために、自分が世界の中心になっているような白日夢をしばしば見るとのことでした。

日記には私のコメントを添えて戻します。これは、個人的な交換日記とも、私的な書簡のやりとりとも似ています。そこでは顔を突き合わせての面接では話しにくい密やかな感情が赤裸々に語られます。

具体的にはこんな感じのやりとりです。

Fさんが「バーカな私」「アホな私」などと自分を卑下したことを書いたときは、「へー、本当!?」「例のオーバー病ですな」などという調子で、コメントしていきます。

また、自己中心的な行動が妨げられたとき、たとえば、ちょっとしたことをサークルの先輩に注意されたときなど、Fさんは、日記で何ページにもわたり、自分の正当性と先輩への怒りを書き連ねます。

そんなときは「その感情の表出はおおいによろしいが、もうちょっと表現を考えたら？（苦笑）」「おーい、言い過ぎ！　痛いところをつかれたね」などと、感情を表したことについては肯定的に評価しながら、ユーモアをこめた表現で、Fさんが自分を客観視できるようにします。

「サークルでは時にはお茶目な自分を演じることができる」とFさんが書いたら、「それも君の持ち味です。大切にしてね」と返します。

「午前中はおそろしいほどダメな自分がいる。うんざりだ。……サークルに来ると馬鹿どもばかりだが、少しは元気君に変身する自分がいる」という日記に対しては、「その両方とも君なんだ。その両方と大切に付き合っていくしかあるまいよ」とコメントしました。

傷つき落ち込みやすい人は、一方では負けず嫌いで、時には傲慢にみえることもあります。Fさんもそうでした。負けず嫌いや自分中心的なところ、そして表裏一体としてある自己卑下、泣き言、傷つきやすさに対して、私は共感的にコメントしていきました。同時に、意識的にFさんの極端な表現をからかったり、そのまま反復したり、ユーモアをまじえてコメントするようにしました。

やがて、もう少し素直になった気持ちが日記に書かれるようになっていきました。

「不謹慎なことばかり書いてすみません。いろいろなことを悩み、苦しみ、のたうちまわっている自分のグチであることだけは分かってください。毎日が悲しいのです。毎日が、自分が、他人が、世の中が、自分のゆれる感情が、みんないやなのです」

それに対するコメントとして、「これだけ苦しみ悩んでいるということは、とても意味のあること、決してむだになりません。今はこのさまざまな感情をしっかり受け止めて行ってくださいね！」と書きました。Fさんの気持ちが日記に吐露され、そこから新しい治療的関係が始まりました。Fさんは次第に、自分の弱さを素直にありのままに受け入れるようになり、自分をとりまく環境に踏み出していけるようになりました。

日記療法は、他者と対することで引き起こされる感情を恐れ、傷つきやすく、過剰に自分を守ってしまうために、周囲には自己愛的とみなされる人に最適な治療法です。

日記を書くことは、次のような効果を生みます。

一、日記を通した緩やかな形で治療者がつながっていることで、患者の生活世界における問題解決の共同者として、悩む人を支えやすくなります（久保田幹子「日記療法」『心理療法プリマーズ　森田療法』ミネルヴァ書房、二〇〇五年）。

二、患者にとっては、自分の感情を客観視し、それを抱え込み、待つことができるようになります（井出恵ほか『精神療法第三六巻』二〇一〇年）。
三、面接ではなかなか内面を率直に表現できないという患者にとって、日記は率直な自己開示（ありのままの気持ちを表現すること）の場となります（北西憲二『精神科治療学第一〇巻』一九九五年）。
四、治療者にとっても率直な自己開示の場になりえます。それが悩む人との人間的な交流を可能にするのです。
五、自己の経験を書く作業は、回復に向かって自己を物語ることとも言えます。回復を自らのストーリーとして語ること・書くことは、患者の自己理解を深め、症状の再発を防止するために重要です。森田療法におけるいわばセルフナラティヴ、あるいは治療者を読み手としたナラティヴセラピー（物語療法）という側面を持ちます。

治療が進むと、次第に面接が主となり、日記療法はいったん中止します。そして必要なときだけ、現状をメールなどで知らせてもらう方法をとります。

3　治療前期――変化を引き起こすこと

「削る作業」と「ふくらます作業」

治療の前期では、初回面接で明らかにしたとらわれ（悪循環）を具体的に示し、その打破について助言を行っていきます。

とらわれと自己の構造（図二、P97）を思い出してください。

悩む人の自己は、頭でっかちで大きくなった「理想の自己」（「べき」思考）と、その下に小さくなってしまった心身の現象の担い手である「現実の自己」、という逆三角形を呈す不安定な形になっています（図二）。悩む人は視野狭窄現象に陥っているため、苦悩にどう関わるのかという説明から始めて、本来の自然な自己のあり方、「現実の自己」が大きく安定した三角形の形（図一、P96）に戻っていくよう、段階的に助言を行うことがポイントとなります。

治療は二つの領域、「理想の自己」と「現実の自己」それぞれにアプローチできるよう働きかけます。

頭でっかちとなっている「理想の自己」には、「削ること」を行います。これを「受容の促進」といいます。

悩む人は、不快な心身の反応などあってはならない、と「べき」思考で価値づけし、それを何とか取り除こうとします。そこに注意が固着し、それがとらわれと悪循環をつくります。

まず、注意の固着から脱するために「注意の方向を変えること」と助言します。

次に、「べき」思考への助言です。私たちの苦とは、「自分の欲するがままにならぬこと」と原始仏教では考えます。その苦の解決方法の一つが、自分の心身の反応（「現実の自己」）と、他者や現実世界を「欲するがままにならぬもの」と受け入れることです。あるがままにそれらを受け入れ、コントロールを断念するのです。また、その苦を目の敵にし、あってはならぬものと決めつけることから自由になることも目指します。これまでの価値づけそのものを否定し、「べき」思考を放棄するよう助言します。森田が死の淵で体得したように、自分の苦を苦として、ありのままに受け入れ承認することを目指すのです。

これは「言うは易く行うは難し」の典型です。それができれば苦労しないよ、という声が聞こえてきそうですね。たしかに頭で考えているだけでは、単なる知的理解にとどまります。あるいはまた、そうしなくてはならないとむしろ「べき」思考を強めてしまうこともありえます。

そこで、もう一つの領域、小さくなった「現実の自己」(身体、内的自然)を「ふくらます」作業を行います。

「ふくらます」作業は、考え方を変えるのではなく、行動を通して直接生活世界に踏み出し、そこで経験することから始まります。これを「行動の変容」といいます。

つまり、あれこれ考えすぎないで、生活世界に関わり、そこで直接経験したことを重視するのです。森田はこの精神療法を「体験療法」(神経質の本態と療法)と呼びました。

理屈でわかるよりも体験ができさえすれば治り、治りさえすれば、理論は容易にわかるようになるから、体験を先にするほうが得策である。

(「第六十三回形外会」『森田正馬全集第五巻』白揚社、一九三六/一九七五年)

言葉がけの具体例

言い換えれば、「現実を経験することが最良の治療である」ということです。

では、治療者はどういった助言を行うのか、まずは「理想の自己」を削るという「受容の促進」に特に効果的な四つの助言を紹介していきましょう。

助言①「ぐるぐる回る思考を放っておくこと」

Aさん（対人不安で悩む二〇代の男性、P97）は、その日に起こったこと、あるいは過去に起こったことをあれこれ考え、それを後悔し、そしてそこから次の日にはどうなるのだろうかと常に悩んでいました。このぐるぐる回る思考は、とらわれた人たちの特徴です。それを考えないようにすること自体、その考えに絡め取られてしまいます。考えを考えで打ち消すことはできないのです。それがまた悪循環を生むのです。

そこで私は、〝もっともっと〟と「べき」思考（理想の自己）が自分を追いつめる構図を説明し、それを削ること、つまり「現実の自己」をそのまま受け入れるように述べました。そして「ぐるぐる回る考えは、放っておくこと。そしてそれと関係なく、目の前の作業に取り組み、そこでの工夫を大切にすること」と助言しました。

助言②「待つこと」

パニック障害のCさん（パニック発作にとらわれる男性、P102）は、いつ襲ってくるかわからない不安を基準に生きるようになり、それがCさんを益々追いつめていきました。

Cさんには、パニックになっても決して死なないこと、不安感はそのまま持ちこたえていけば必ず流れていくので、その間は自分が感じている不安を観察することを勧めました。

今までのやり方に行き詰まっていたCさんは、意を決して、不安と戦わないで、家の手伝いや掃除など手が出せることに踏み出していきました。時に不安感が高まりますが、何とか持ちこたえて待っていると、不安な気持ちは流れていくという事実も観察できるようになりました。「待つこと」で感情は流れていくという感情の法則（図四、P126）を体得することができたのです。

そして奥さんと一緒に買い物に踏み出し、不安を持ったままでも外出が可能になってきました。

この「待つこと」、あるいは「一拍おくこと」はとらわれ（悪循環）に対する森田療法の重要な助言の一つです（久保田幹子「外来森田療法Ⅳ」『心理療法プリマーズ　森田療法』）。待てるようになることは、悩む人が自分の苦悩や不安感を抱え込む能力を育ててきたことを意味します。つまり「待つ」という一見シンプルな心の態度は、そのまま症状の「コントロールの断念」から、「価値づけしないこと」へと、つまり「べき」思考の放棄へとつながっていきます。

助言③「仕方ないことと受け入れること」

Bさん（うつ病に悩む男性、P100）に表れていた時々の過食、お酒の飲み過ぎに関して、私は「過度に緊張した自己意識のせいで、いわば緊張緩和のためでしょう。それもそのまま仕方がないことと受け入れてみるように」と助言しました。これもあることを決めつけない、価値づけしない、ありのままに「現実の自己」を受け入れていく（受容の促進）にそった助言です。

Cさんにも同様な方向の助言をしました。奥さんに頼っていたCさんに「今は大いに頼っていいですよ。これが自分だと開き直って、日常をすごしてくださいね」と伝えました。今までは「このような依存はいけない」と禁じられ、そのことがさらにCさんの不安をあおり、逆に奥さんへの依存を強めてしまっていました。

一見世の中の基準からすれば好ましくないようなことでも、〝これもありのままの自分〟だと受け入れていくことで、注意の方向を自分の本来の生きる力（生の欲望）に向けることができます。

助言④「自分の感覚をありのままに感じること」（五感を信じること）

Eさん（完全主義者で疾病恐怖を持つ男性、P109）は、あるものが汚いというとらわれ（悪循環）モードに入ると、それが少々ばかばかしいと思ってもどうしても拭きたくなります。手を洗ったり、除菌スプレーで対処しながら、仕事を続けていました。今までEさんが受けてきた、薬物療法や認知行動療法などは、その行為を目標症状にして、それを止めようという助言が行われてきました。その結果、Eさんはつらくなり、薬の量も増え、またそれを止めることができない自分に対して無力感をつのらせました。そして逆に汚さを打ち消す行為が増えてしまい、生活が儀式化し、さらにそんな自分を受け入れること自体もEさんは困難になっていました。

まずは、見ただけ、触れただけでは菌に感染しないこと、それは医者として責任を持って保証する、と繰り返して伝えていきました。そしてEさんに「拭きたくなってしまったなら、それに抵抗しないこと」と伝え、「拭くのは仕方がないこと、できるだけ、さっさと単純な手順で行うこと」、そして拭いた感覚、その動きをなるべく意識することを勧めました。「本当に拭いてもいいのですか」という問いに、「拭いてください。しかしその時の汚いという感じをしっかりと味わってから、さっさと拭くようにしてください。そこでの手を動かした感じを大切に、そして簡単に」と伝えました。そして「きれいにしたかどうか、確かめたくなった時は、自分のさっさと拭いたという感覚を信じて、一呼吸置いてみること」と伝えると、納得がいったようでした。つまり現実の自分（ありのままの自分）が感じているそのものを受け入れることを勧めたのです。

触った感覚、嗅いだ匂い、手を洗った感覚など、「身体（五感）から情報を取る」方法は強迫性障害に悩む人にとって有効な助言です（明念倫子『強迫神経症の世界を生きて』白揚社、二〇〇九年）。身体感覚、身体の動きにゆだねることは、「理想の自己」が勝手に作り出した認識から離れることを意味します。「べき」思考を緩め、これでよいのだ、と「現実の自己」を受け入れやすくしていきます。この点に関してさらに症例をあげてみましょう。

〈Gさんのケース　長年強迫観念とうつ状態で悩んでいた二〇代の女性〉

Gさんは私の助言にそって根気よく取り組んでいきました。次第に症状が流れていくことを感じられるようになり、そして素直な○○したいという気持ちを感じられるようになってきたころの話です。Gさんは、進路で悩み、そのことで田舎の実家に帰り、相談しようと思いました。五月のちょうど田植えの時期でした。彼女は、はっと今は田植えの時だ、と気づいたのです。そして季節の花の匂い、木の緑を生き生きと感じ、心が一杯になりました。ここ何年かは、悩みにとらわれ、それに苦しみ、四季の変化、寒さ暑さもほとんど感じないで生きていました。これが私の自然なものの感じ方だ、と思うと自然に涙が流れてきたと言います。

とらわれているときは、地に足がついていません。何かふわふわとして、生きている実感が得られないのです。

症状への「とらわれ」が次第に減ってきますと、Gさんのような経験もできるようになります。とらわれから抜けると、視野狭窄現象から抜けて世界が広がり、そこでのものの感じ方も変わっていきます。生きている実感を得ることも可能となります。そして、次に述べる行動処方にも良い影響をもたらし、スムーズに生活世界に関わっていけるようにもなります。

「行動の変容」を起こすには

「現実の自己」をありのままに受容すること、すなわち「受容の促進」と共に、重要なのが「行動の変容」です。とらわれの綱引きから離れ、生きる力（生の欲望）を生活の取り組みに向けていく試みとも言えるでしょう。そのためには、素直に○○したいという気持ちを大切にして、その気持ちのまま動くことを助言します。
アプローチの第一段階は「生活世界を直接経験すること」です。
具体的には、
●生活そのものに注意を向けること
●「気分」と「行動」を分けること
●「感じから出発する」「心が動いたらす～っとそれに乗る」こと
●迷ったら、頭でシミュレーションせずに踏み出すこと
●「できること」から、そして手の出しやすいことから始めること
などです。

第二章で述べたように、悩む人は気分本位の人です。気分にとらわれて悩む人に「気分」と「行動」を分けてみることを勧め、実際に生活する世界での直接的な経験を促していきます。「べき」思考を緩め、不安のまま、生活世界に踏み込み、それを持ちこたえながら、そこでできることは何か、を経験できるように助言します。

そして、目の前のことに取り組んでいるうちに、気分は流れるということが経験できたら、それを面接や日記で明確化していきます。

さらに自分の生活の場面でできたこと、目的を果たせたことを、不安、恐怖、落ち込み

などの気分とは別に、きちんと評価できるように助言します。気分本位から事実本位の認識への転換を促すのです。

生の欲望と行動を結びつける

「行動の変容」を起こすための次の段階は、「生の欲望を行動と結びつけること」です。生きる力（生の欲望）の実践となり、私たちの生きる基盤となります。

まずは、生きる力（生の欲望）に気づくことを促します。

私は悩む人に「あなたの生きる欲望は症状と格闘していて、本来の自分を生かす方向に向かっていませんよ」という助言をします。この指摘は、深みにはまっている悩む人ほど「なるほど」と受け入れやすい助言です。

そして、「〇〇したいと感じたら、そのままその感情に乗って、やってみること」「気づいたことにそのまま手を出してみること」などと助言しながら、〇〇したいと思う生きる力（生の欲望）と行動を結びつけ、直接的経験を促していきます。その場その場で臨機応変に、〝出たとこ勝負で〟あれこれと試行錯誤し、経験から学んで、自分としての考え方を作っていくことを勧めるのです。

こうあるべきだ、という考えに基づいた行動的経験はいくら積んでも、その人の成長には残念ながらつながりません。空しさ、無力感がつのるだけです。しかし、症状にハラハラビクビクしていても、自ら主体的に生活することに踏み出し取り組むこと、そして素直な「○○したい」という気持ちに乗って動いていくことは、全く違った健康的な感覚をもたらします。

　人からどう見られるか、ではなく、その活動そのものに意味を見いだすことができるようになるのです。

森田療法における知と行

〝あるがまま〟に到達する方法が、一つは「理想の自己を削ること」＝認識の転換、すなわち「受容の促進」であり、もう一つは「現実の自己をふくらますこと」＝「行動の変容」です。この二つの織りなす糸が、私たちの変化を引き起こし、人生の新しい航路に踏み出していくことを可能にします。

　これは片一方ができればそれでいいというものではありません。悩みを棚上げしたまま（受容の促進）、悩みと全く関係ないことに取り組んでいく（行動の変容）、この二つを同時に行うことが重要です。

　王陽明が唱えた陽明学の学説である「知《ち》行《こう》合《ごう》一《いつ》」とも言いかえられます。知識と行為は一体で、本当の知は実践を伴わなければならないという意味です。

現代の森田療法における「知」と「行」は、治療においてどのように関連して私たちの変化を引き起こしているのでしょうか。

まず、面接や日記といった治療者とのやり取りを通して、「受容の促進」を起こし、新しい「知」のあり方を共有します。そしてそれを生活世界で実践します。その実践が「行」に当たります。この「行」、つまり「行動の変容」を通して新しい経験をします。それを治療者とのやり取りを通して、体験に裏付けられた「知」の内在化（自己の内部に取り入れること）がなされます。それをさらに深めていくために、「行」を行います。

森田療法の治療実践を通すと「知」→「行」→「知」→「行」という連鎖となり、悩む人の変化が引き起こされていきます。これらは螺旋形のように相互に関連しながら、悩む人へ働きかけていくのです。

面接と日記、そして生活世界での治療実践を重ねることにより、悩む人は、不安、恐怖、落ち込みを受け入れ、そして空回りしていた生きる力の方向を現実の生活世界に向けていくようになります。

森田療法においては、他の精神療法、心理療法、カウンセリングのように、治療者と悩む人の治療関係は二人だけの閉じられたものではありません。おだやかな信頼関係に結ばれていることが必要ですが、それ以上深く立ち入る必要はありません。治療者は治療の随伴者であり新しい世界への導き手です。あくまでも、現実の世界との関わりが重要なのであり、治療者はそのようなことに手を貸していくという立場です。

4　治療中期から後期――行き詰まりとその乗り越え

回復のパターン

こうした治療の面接を何度か行えば、治療前期で回復する人もいます。

〈Hさんのケース　手が震える有能なビジネスマン〉

ある中年の男性Hさんが私のもとを訪れてきました。温厚な礼儀正しい方です。一見すると何の悩みもなさそうですが、彼にとっては深刻な悩みを抱えていました。

ある会社で重責を担う彼は、ある困難なプロジェクトを抱えていました。また彼のことをよく思っていない同僚との関係にも気を遣わなければならない状況でした。有能なビジネスマンで、繊細さと負けず嫌いを併せ持つHさんは、自分の激しい感情を抑えて、重要な会議でプロジェクトの報告をし、そこで時には激しいやり取りをしなくてはなりません。

あるときの会議で声が震え、そして書類を持つ手が震える感じがしました。以後それにとらわれ、会議では、突っ込まれないように、周到に準備もし、準備したものを読み上げるようにしましたが、あまり事態は改善しませんでした。追いつめられたように感じたHさんは、さまざまな本を読み、話し方教室にも恥を忍んで通いました。

しかし、そこで学んだことに逆に縛られてしまいます。もっと積極的に、前向きに、もっと堂々とプレゼンテーションを、もっとポジティブな考え方を、と自分を鼓舞しますが、逆に追いつめられました。つまり、「できないこと」をしようと格闘したのです。

私は彼が実践したこととは、まったく逆の提案をしました。

「うまくプレゼンテーションをやろうとしないこと」「自分の伝えたいこと、つまり目的だけを短く、具体的に伝えること」、そして「これが自分、と開き直ること」「さらに勇気が出たら〝大いに上がってやろうではないか〟と考え、チャレンジすること」を伝えました。今までのやり方に行き詰まっていたHさんは納得いったようでした。そしてチャレンジしてみると約束して初回面接は終わりました。私は最後に「Hさんの豊かなエネルギーが、人にどう見られるかに吸い取られ、空回りしていますよ。本来の仕事をやり抜きたいという方向に向けてくださいね」と伝え、彼の背中を押したのです。

開き直ったHさんは、会議でも短く伝え、後のやり取りも今まで以上にさらりと終えました。あれこれ言わない、と腹をくくったら、むしろストレートにものが言えるようになったということです。パーティーでの挨拶も苦手でしたが、短く、あっさりでいいんだと開き直ったら、むしろ今まで考えもつかなかった冗談も言えたそうです。

またゴルフ好きなHさんは、大切なお客さんの招待ゴルフが苦手で、特にパットがダメでした。お客さんに見られている前で、緊張してしまい、手がうまく動かなくなる経験を何度もしていました。ところが、プレゼンテーションがうまくいったその週末ゴルフで、今までになくパッティングがうまくいったのです。「これも開き直りの精神です」「森田療法はゴルフもうまくするのですね」と面接で話し、二人で笑いました。

こうして、四回の面接で治療は終わりました。

Hさんは今までの人生でそれなりに苦労もし、小さな危機を乗り越えてきたのでしょう。その経験が最大の人生の危機を乗り越える下地を作ったものと考えられます。それが速やかな症状受容、そして自己受容、本来の持ち味、生きる力の発揮と結びついていったのです。

壁に突き当たる

Hさんは治療前期でよくなりましたが、多くの人はそうではありません。治療者からの助言は、悩む人にとって、今までの考え、行動とは全く異なっているものです。それゆえ聞いたときに納得したとしても、腑に落ちていなければ実践するとゆれます。「受け入れていこう、しかし受け入れられない」「ぐるぐる回る考えを放っておこう、しかし放っておけない」「そのまま直接踏み出そう、しかし怖くて踏み出せない」とゆれるのです。このゆれは悪いことではありません。悩む人にとっては、耐える力（底力《そこぢから》と私は呼びます）を身につけながら、回復を確かにすることとなるからです。

多くの人は、治療中期に至って行き詰まりに直面します。思い通りにならない現実の自己、そして現実世界（作業と他者）にぶつかり、それを何とかしなくては、とあがき、また落ち込み、恐怖に襲われます。

ここから、よくなったり悪くなったりしながら回復に向かうというのが、森田療法の治り方の典型的なパターンです。これは小さな危機、行き詰まりを治療者と一緒に何度も乗り越え、ゆるやかな経過をたどって回復へと至ります。螺旋形の危機の乗り越えといえます。

もう一つの回復の形は、もう少しドラマティックです。治療前期を経て回復に向かっていくのですが、やがて行き詰まり、そこで堂々巡りが長く続き「どん底」までいきます。しかし、そこからそれを乗り越えて、劇的によくなります。転回形の危機の乗り越えです。

治療者の対応

この危機に際しての治療者の対応は重要です。

治療者が焦ったり、強引に行動への介入を促したりしないことがポイントです。行き詰まった段階で、「治療が行き詰まったようです」と率直に伝え、その打破について話し合っていきます。治療者が悩む人と一緒に、行き詰まりと残念さをありのままに認め合うことで、行き詰まってもよいのだ、危機があってもよいのだ、という感覚を悩む人が持てるようになります。いわば治療者があるがままであることが大切なのであり、そのような感覚が、お互いの信頼を深めもします。

これは家族に望まれる対応とも相通じるものです。

人はまず情緒的なつながりがある親などの重要な他者からあるがままに受容されて、自分を受け入れることができます。悩む人はあるがままに受け入れてもらった経験の少ない人です。治療者からそのように受け入れられて、過去に学習してしまった決して幸せとはいえなかった対人関係が、修正されるのです。

家族葛藤からの回復

家族の問題は、一筋縄ではいきません。家族関係で悩む方も多いと思います。

今までの森田療法では家族の問題、葛藤については不問とされ、論じられることはあまりありませんでした。しかし、対話を行う外来森田療法では、悩む人が自分の生い立ちの中で、自分を縛ってきた、支配されていたと感じている家族への怒り、恨み、憎しみ、恐れなどの葛藤を表現することはまれではありません。苦しさは親のせいだと、親に対して怒ったり、恨みを語ったり、あるいは現在の家族、特に配偶者に対して、鋭い葛藤という形で出てくる場合もあります。回復の過程では特に危機を迎えた時、家族への葛藤が強く現れます。

いずれの場合も、「べき」思考を作るのに関与したと考えられる家族へのつらい感情や葛藤を、自分のものとして引き受けなおすという難しい作業を試みます。

現代日本では、このような家族葛藤が悩む人の中心的問題となっている場合も少なくありません。避けて通れない問題ですが、悩みを自己の問題として取り組むまでには、長い治療の期間を時には要します。それには悩む人自身の成長が大切です。

〈Iさんのケース　親との葛藤が問題となった女性〉

三〇代前半の女性、Iさんが治療を求めてきました。二〇代から続く慢性的うつ状態で、今までいろいろなところで治療を受けてきたが、うまくいかず、訪れてきたといいます。診断は、気分変調症（神経症性うつ病）です。

彼女は、他者特に親との関わりの中で、自分が受け入れられていないと感じると、落ち込み、死にたくなり、怒り、そして不快な身体症状と葛藤していました。

最初はIさんの話を聞くことを主とし、簡単に対人関係における悪循環を指摘することにとどめました。治療の焦点は共感的でない父親への怒り、そして自分が愛されていないことへの恨み、そして死にたくなる感情をめぐって、展開していきました。そのような感情について「それ自体自然なもの、責任ないもの、ただそれを感じていくこと」などと助言し、一方で「ご両親の態度もそうですが、現実は思うようにはならないですよね」と伝えていきました。また行動への踏み込みを折にふれて助言しました。しかし、治療はなかなかスムーズには進みませんでした。

私のコメントにも反応して落ち込み、それを次第に日記に表現するようになりました。私は「ごめん、ごめん、今の助言は受け入れがたかったかも知れない」「そのように率直に自分を表現してくれると治療の行き詰まりがよくわかってありがたい」などと、できるだけ率直にコメントをしました。そしてその訴えの背後に傷つきやすさ、孤独感、そして人への希求などがあることを理解できたので、Iさんをありのままに受け入れることを心がけ、Iさんの本来の良さを引き出せるように助言していきました。「ありのままの自分でよいのです。すべてを完全に、と思うとつらくなる」「人に配慮しすぎると、自分の持ち味、感性を殺してしまいます」などと指摘し、欠損感で悩んでいるIさんの発想の転換を促していきました。

このような状態が長らく続いたのち、次第に治療の関係は安定し、少しずつ親との関係も修正されてきました。

その頃から、Iさん自身が「べき」思考で自分を縛っていること、自分の感情や人との関係はどうにもならないことに気づき、受け入れられるようになっていきました。自分なりのペースで家事などにも取り組めるようになりました。そしてIさん本来の人なつっこさ、世話好きなどの面が出てきました。

二〇代から続いた親との葛藤は、影を潜め、むしろしっかり者の娘として、少しずつ老いていく両親も支えることができるようになったのです。受け身だった人生により積極的に関われるようになったことで、思春期から続いた気分変調症（神経症性うつ病）は成人期後期で終わりました。

私は最初のステップとして、治療的関係を「対人関係の練習モデル」と位置づけ、通常以上に注意を払いました。思ったことをそのまま率直に表現することを意識し、私がしっかりと受けとめていこうとしました。このような家族葛藤、配偶者との葛藤を抱えている人たちは、治療者の何気ない言動に激しく反応します。そして治療者との間で、率直な表現をしてもよい、その方が本来の生き方を見つけやすい、という人間関係の練習をしていきます。

治療者からありのままに受け入れられたときに、悩む人本来の生の欲望を感じられ、Iさんのように自分自身をありのままに受け入れることが可能になります。そして生きる力を発揮することで、親との葛藤を解決していったのです。

では、ここで少々話を戻し、治療中期におこる「行き詰まり」からの回復、螺旋形と転回形、それぞれの物語を紹介していきましょう。

螺旋形の回復――ゆれながら乗り越える

Aさん（対人不安で悩む二〇代の男性、P97）は、私の助言を受け入れ、仕事場での作業に取り組んでいきました。仕事に没頭しながら、人との関係にはむしろ距離がとれるようになりました。仕事の面白さを生まれて初めて実感したというAさんは、認められて念願だったコンピューター関係の技術職に異動することもできました。

それと同時に、Aさんの身近な世界に大きな変化が起こってきました。一つは、どこか自分を抑え、友人に迎合しながら付き合っていたAさんは、以前の付き合いからだんだん遠ざかり、新しい世界を求め、趣味の教室に通い、運動し、勉強を始め、ある資格を目指したのです。

このような世界の広がりは、Aさんに一時的に行き詰まり感をもたらし、再びこれでよいのだろうか、勉強がうまくいかない、人との関係が疲れる、遠ざかりたい、などと述べるようになりました。治療開始後一年半のことで、当初のような対人不安、抑うつ気分を訴え、またそのように後戻りしたことにがっかりしているようでした。

私は、「行き詰まりましたね」と率直に伝え、「それについて一緒に考えてみましょう」

と話しました。すると「他の人との関係もこれだけ良くなったのだから、もっと他の人と気持ちを分かち合ったり、勉強も思い通りにできるようになると思っていた」とAさんはその面接で語り、日記でもそのようなことを述べるようになりました。そして自分を縛っている「べき」思考に気づき、「そんなに人生は思い通りにならないですよね」と次第に柔軟な考えができるようになりました。

Aさんのゆれと危機の様相は次第に緩やかになり、それをひとつ、ひとつと乗り越える経験をしていきました。その後も人生上のさまざまな出来事に直面してから、落ち込み、対人不安などを感じていきましたが、受け入れていきました。治っていく道のりは、危機、行き詰まり、その乗り越えという形を取った螺旋形で、自分としての人生をゆっくりと歩みだしました。面接は数ヵ月に一度となり、私は彼の体験をそのまま受け入れ、その経験を言葉として伝え、明確化し、それをAさんが心の中に取り込めるように助言していきました。そのような面接がしばらく続いたのち、治療は終わりました。

Aさんの持つ、仕事にまじめに取り組み、工夫することとチャレンジすることが好き、人に対する繊細さと人を求める心、感情の激しさ、などがそのまま彼の人生を彩ることになりました。そしてAさんはこのような自分でよい、と自分自身を受け入れるようになっていきました。思春期からのAさんの社会恐怖は終わりに向かいました。

Cさん（パニック発作にとらわれる男性、P102）は、奥さんと同伴でしたが、ちょっとパニック発作が出てきても何とか電車に乗り、用事を果たすことができるようになりました。だんだんとCさんは苦手な床屋さん、家族との小旅行など今まで避けていたところに挑戦しました。私はそれを「人生の冒険」と呼び、それらを賞賛し、「悪循環からの脱出の鍵」と伝えました。

しかし、Cさんの強い予期不安（安全でいなくてはならないというCさんの「べき」思考によるもの）はなかなか変化しませんでした。もう一度初回面接の時に戻って、「『できること』と『できないこと』をしっかりと分けること」と伝えました。Cさんは次第に「べき」思考から距離を取り、できることをしっかりとしていこうと心が定まってきたようでした。そして素直に○○したいという気持ちを感じ取れるようになり、仕事に戻りたくもなってきました。会社への復帰、そして現実の仕事に取り組むことが現実の問題となってきました。その頃から自分は本当によくなったのだろうか、治療者に頼らないで不安をしっかりと抱えながら生きていけるだろうか、などと不安になるとともに、少しずつ抑うつ的にもなってきました。

「これも治療の行き詰まり。まだ一人で問題を解決するには心細いと感じているのかもしれませんね」と私はCさんにはまだ不安があることを認めて伝えたのです。「そうですね」とCさんはほっとしたように、そして半分残念そうに面接の場面で答えました。私は「このような時は、焦らずにじっくりともう一度覚悟を決めて、不安に直面し、それをしっかりと抱えながらできることをしていきましょう」とCさんに助言しました。

このような落ち込みや恐怖を感じることは決して無駄ではありませんでした。このまま日常の生活を送っていくことで、自分の「べき」思考と不安との関係を深く理解し、自分で自分の不安を作っているのだ、とも考えられるようになりました。また不安をそのまま操作しようとせず持ちこたえていれば、不安が薄れて消えていく体験を再確認し、また体調を過度に心配しとらわれる自分をしっかりと認識できるようにもなったのです。それとともに、生きる力、「○○したい」という自然な気持ちを実感できるようになりました。

そして思いきって職場に復帰することを決めました。最初は奥さんに途中までついてきてもらいましたが、それが次第に必要なくなりました。長い休職の期間がありましたが、同僚、上司は温かく迎えてくれました。それは本来、人との調和を重んじ、他者に対して配慮し、仕事にも熱心に取り組んできたCさんを会社の人たちは覚えていたからです。

復帰後も「体調にやはりびくびくしてしまう自分がいるが、仕方がないこととあきらめている」、そして「自分なりのペースで生活をしている。同僚などがどう思っているのか気になるが、自分なりに頑張っているので自分のしたいようにすればよいのだ、と開き直ってきました」「今までは会社でよい人、頑張る人と思われていたくて無理をしてきたようです。自分も人間、自分のしたいことをして生きていこうと思っています」と日記に書いてきました。

最近は人に合わせるのではなく、自分のことも考えて行動できるようになった、自分でも変わったと思う、とCさんから伝えられました。

「このつらい危機を乗り越えて、どうやら一皮むけましたね。これが成長、成熟というものので、この自然な本来の生き方が不安へのとらわれの最終的な解決です」と私が伝えて、螺旋形の経過を辿ったCさんの治療が終わりました。

Cさんはいわゆるよい人でした。少しよい人過ぎて、Cさんとしての芯がなかったかもしれません。そのため、過剰に一生懸命、周囲の人の期待に応えようとしました。それがCさんの「べき」思考でした。パニック発作を経験することにより、自分本来の素直な気持ちの大切さに気づいたのです。

現代人は、しばしば人の評価、期待に応えようとして自分を見失い、不安、抑うつ状態に陥ります。病はそのような生き方は無理ですよ、と教えてくれるのです。そしてその生き方の転換を促すのです。Cさんが経験した回復の物語もそのようなものでした。

転回形の回復——どん底からの回復

Bさん（うつ病に悩む男性、P100）にはあれこれグルグル考えることを棚上げにして、とりあえず職場に行って仕事に取り組むことを勧めました。無事に復職し、時にゆれながらも休まず会社に行けるようになってきました。

仕事に復帰後三ヵ月ほど経って、仕事の負担、責任が増え、再び不安、抑うつ状態が再燃。過去の仕事のことでの後悔、現在の仕事への不安、支配的な母親への怒り、恨み、配偶者が自分を十分理解してくれない、などの葛藤が噴き出してきました。それらが頭の中でグルグル回り、Bさんの苦しさが強まってきました。面接、日記で「つらい気持ちが強まった」「家族に見捨てられる」「自分は役に立っていない駄目な人間」「焦りがひどい」「死にたい」と訴えてきたのです。

Bさんの「失敗してはいけない」「完全でなければならない」「人の期待は裏切ってはいけない」などの「べき」思考が、Bさんをうつ病に追いやり、慢性化させていました。

私もここは治療の山場だと思って、「死にたくなったのは今までの生き方の行き詰まりです。もっと自然な生き方を求めているのです」「回復はこのように行きつ戻りつしながら、進んでいくのです」「自分の気分、グルグル回る考えはどうしようもないもの、そのまま棚上げしておくこと」「母親への怒りは自然な感情、そのままに感じていくこと。今までBさんを縛っていた家族の呪縛から離れ、緩めるための作業です」「家族との関係は決めつけないこと、必要なことを率直に短く伝えること」と面接、日記で根気よく繰り返し伝えていきました。

二ヵ月ほど、つらい「どん底体験」をしました。治療者や理解のある上司、家族に支えられて、この危機を乗り越えていったBさんは「自分の気持ちはどうしようもないもの」「現実はこんなもの」と、ある種の諦念を得ることができるようになりました。

「三〇代のばりばり仕事をしていた自分と比べていた」「こうしなくてはならない、そうしないと他の人にも迷惑がかかる」「それができない自分はだめ」などと自分で決めつけていたことを自覚し、「受容の促進」と「行動の変容」への助言がBさんにとって腑に落ちたものとなりました。

私は、表面化した母親との葛藤に対して、今までの育ってきた環境から当然起こりうること、自然なことだと共感的に伝え、それをそのまま受け入れていくように援助しました。そして、生活世界への関わり方に介入し、そこでの経験を明確化し、できたことについて私は賞賛を惜しみませんでした。次第にBさんの「べき」思考、シミュレーション（考えすぎ）は影を潜め、その時々の生活作業に入り込めるようになってきました。八年も続いたうつ状態は終わりに向かいました。

Bさんは民家の庭を見てなごんでいたことを思い出しました。通勤の行き帰りにそれを楽しめるようになったのです。「何年ぶりかです」と笑って報告する様子は、あたかも生き生きとした少年のようでした。また仕事では本来の人なつっこさ、面倒見の良さを発揮するようになったのです。週末には家族と散歩を楽しみ、また親との関係も穏やかなものとなってきました。

Bさんは急速に転回して危機を乗り越えた後、「このような穏やかな人生が来るとは思っていなかった」と日記に書いてきました。治療者は「これでよいのです」とBさんを受け入れ、「あなたを縛っている『べき』思考から抜けられたようです。この感じを大切に」と面接、日記で自然な生き方ができるようになってきたことを伝えていきました。家族関係も穏やかになり、母親とのことも「あの人は心配性。あのような形で接することしかできなかったようだ。仕方がないと受け入れられるようになった」と述べました。

悩む人に訪れる危機は決して無駄なことではありません。危機は、自分として主体的にどう生きていくのか、という重要なテーマに取り組む転機となります。危機を丹念に乗り越えていく作業によって自分本来のあり方に気づき、生活世界の実践の中から、そのあり方をつかんでいくことになるからです。こうしたことが、治療の中期から後期にかけて起こります。

そして、苦悩からの回復とは、悩む以前の状態に戻ることではありません。それは生き方が変わることであり、人生の行き詰まりを乗り越えることで成長していくことでもあるのです。

5　治療の終了へ

よくなった経験を言葉にすること

ゆれと危機を、積極的に取り上げ、助言し、支えていきますと、面接は次第に穏やかなものになっていきます。この時期は、自分の素直な生きる力（生の欲望）が発揮される時期です。

力動的精神療法家である神田《かんだ》橋條治《ばしじょうじ》は、治療の終了に関して示唆に富む指摘をしています。

模索の途中でわたくしは、プレ・バーバルな関わりで生じた転回がしばしば逆戻りすることに気づいた。そして、治療的転回がおこったのち、その転回をコトバを用いて互いに確認しておくと、逆戻りが防げることに気づいた。

（神田橋條治『精神療法面接のコツ』岩崎学術出版社、一九九〇年）

かつて、森田自身が形外会で退院者に対してグループでの心理教育を行い、現在、私がよくなってきた経験をどのようにしたのか最終時期に一緒に話す機会を持つことには、このような意味があります。

Aさんの治療後期の日記には、次のような記述がみられます。

「人と仲良くなりたい。でも話しかける勇気がなかなか出ない。そういった気持ちが現実なのかも知れない。そういったはらはら、びくびくと欲望が混在しているからこそ、生きることが実感できるのだと思う」

私は「それが〝あるがまま〟の経験です。しっかりと感じ取ってください」とコメントしました。「受容の促進」ができていることを明確化しているのです。

Bさんには、人にどう思われているのか、という不安の背後に人の世話がすき、という性質があることを治療後期に実感しました。Bさんは実際に、会社での仕事の一環として研修を担当することになりました。そこで後輩の世話などを生き生きと積極的に行い、「今までの、自分中心的な仕事の仕方とは、全く違ってきました」と面接で語りました。「行動の変容」が訪れたことを確認し合ったのです。

終了に向けた面接では、悩む人の生活世界で経験したことを言葉で明らかにして、それを内面の確固たる経験として受け入れることができるように援助します。なぜよくなったのかという自覚を深めることにより、症状の再燃・再発が防止されるからです。

ライフサイクルの視点から

さてこれまでは、治療のプロセスについて述べてきました。実は、もう一つ重要な視点があります。それは、今までの森田療法では抜け落ちていた、人生のライフサイクルからの視点です。

思春期、青年期はその時期なりの、そして成人期、さらに中年期はそれにふさわしい治り方があり、それぞれ異なります。ライフサイクルによって、その人が達成することを期待される課題が違うため、どこが課題となるかが重要です。

スイスの精神科医で心理学者のC．G．ユングは、われわれの人生を太陽の一日の運行にたとえています。

この太陽は無明の夜の大海から昇ってくる。そして天空高く昇るにつれて、太陽は、広い多彩な世界がますます遠く延び広がって行くのを見る。……太陽は自分の意義を認めるであろう。そして最高の高みに、つまり自分の祝福を最大限の広さに及ぼすことの中に、自分の最高の目標を見いだすであろう。……正午十二時に下降が始まる。しかも、この下降は、午前のすべての価値と理想の転倒である。太陽は矛盾に陥る。……光と暖かさは減少して行き、ついには決定的な消滅に至る。

（C．G．ユング〔鎌田輝男訳〕「人生の転換期、現代思想総特集＝ユング」『現代思想』一九七九年）

思春期と青年期は、特有の喜びと葛藤を伴う時期、成長し、来るべき成人の準備をする形成期（およそ二〇代まで）として理解します。テーマとしては、親からのある程度の自律、社会での仲間作り、そして自分自身の身体の変化（男性として、女性として）を見つめます。

次の成人期（四〇代まで）は社会的な意味での「大人」になっていく時期で、エネルギー、能力、可能性などに満ちあふれているが、他方外圧も大きく、本人の衝動と社会の要求が強く絡み合っている時期です。社会で居場所を探し、自分を生かしていくことを見つける時期でしょう。

そして中年期（六〇代まで）には、ユングが「午前のすべての価値と理想の転倒である。太陽は矛盾に陥る」と指摘しているように、人生上最も重要な転換期が始まります。自己を見直し、自己を受け入れ、自分としてのより個性的な生き方を探求していく時期です。

そして老年期（六〇代以降）では、生と死という問題をよりリアルに捉えざるを得ない時期です。

思春期、青年期、成人期の治り方

思春期、青年期は、親からの心理的自律と、親との葛藤の緩和、自己効力感の獲得と深く連動していきます。成長と治ることが深く関連し、成人の準備期であり、「生の拡大」がテーマとなります。これまで出した具体例では、Aさん（対人不安で悩む二〇代の男性、P97）、Fさん（傷つきやすい青年の日記療法、P152）、Gさん（長年強迫観念とうつ状態で悩んでいた二〇代の女性、P165）が該当します。

彼ら／彼女たちの挫折は、このような「生の拡大」の挫折です。そこで、不安、恐怖、抑うつ、無力感として体験されます。それらをありのままに受け入れ、その背後にある生の欲望（生きる力）により焦点を当てた生き方への転換が、成長期の治り方です。

例えばAさんの治り方としては、Aさんが他者の評価よりも、自分の生きる力（生の欲望）を大切に生きていき、とらわれてもそこから自分で修正できる力が持てれば、それ以上の自覚、洞察はむしろ不要です。

これは成長モデルとでもいえる治り方です。治る段階では、第一段階から第二段階を行きつ戻りつしており、今後生活世界での危機とその乗り越えを経験し、つまり人生経験を深めると共にさらに安定した状態に到達するだろうと予想されます。

またCさん（パニック発作にとらわれる男性、P102）、Eさん（完全主義者で疾病恐怖を持つ男性、P109）も成長モデルに準じた成人期の治り方でした。

この段階でより安定的になるには、成長モデルと共に、自己受容が重要です。それは治療というよりも、現実の生活での危機と乗り越えを経験することから得られるようになるでしょう。社会の中での航海を通して学ぶことでもあります。

いずれにせよこの時期は、「青年期の人間にとって、自分自身に打ちこみすぎることは、もうほとんど罪である。そうでないにしても少なくとも危険である」というC．G．ユングのいうとおり、自分自身への深い洞察は危険です。

かくあるべしという新しい「べき」思考で自分をさらに縛り、「理想の自己」と「現実の自己」の葛藤をむしろ強めてしまう可能性があるからです。それよりもさまざまな生活世界での出来事、危機の乗り越えを通して、「これでよいのだ」というある程度の自己の受容と共に、「無力感」の逆の経験である「達成感」を獲得することが何よりも重要です。

中年期以降の治り方

思春期、青年期の成長モデルの治り方とは、やや力点の置き方が違った治り方が、中年期から老年期には見られます。

四〇代、五〇代のBさん（うつ病に悩む男性、P100）、Hさん（手が震える有能なビジネスマン、P171）が該当します。思春期、青年期から背負ってきた親との問題、あるいはそこでの受け身な生き方の総決算とそれにつながった生き方の転換が必要とされました。

人生を四季にたとえた心理学者D・レビンソンは、成人前期（成人期と同義）と中年期の橋渡しをする時期を、「人生半ばの過渡期」と呼び、この時期の課題の遂行が「人生半ばの個性化」と深く関連すると指摘します。人生半ばの個性化には、「若さと老い」「破壊と創造」「男らしさと女らしさ」「愛着と分離」という基本的対立の再統合が必要であり、中でも発達の上で変化の中枢をなすのが「若さと老い」の対立であるとします。彼の言葉を引用しましょう。

特に、発達期に生じる変化で、成熟性、判断力、自覚、寛大さ、統合された構造、物の見方の広さといった〝老い〟の資質が増すのがふつうである。しかしこうした資質が価値をもつのは、〝若さ〟のエネルギー、想像力、好奇心、愚かさや幻想を受け入れる能力によって、それらの資質に絶えず生気が与えられる場合に限る。〝若さ〟と〝老い〟をいつまでも結びつけていかなければならない。

（D．レビンソン〔南博訳〕『ライフサイクルの心理学（下）』講談社、一九九二年）

つまり、中年期以降にふさわしい大人の知恵は、子どもの心と統合されることが大切だと述べているのです。〝老い〟を受け入れ、つまり自らの限界を知り、仕方がないことと受け入れてこそ、その人本来の子どもの心〝若さ〟が表現されてきます。いわば子どもの心と大人の知恵の統合です。それがその人固有の「生の欲望」です。森田療法で考える成長であり、自分を受け入れ、生かす生き方です。

Bさんは、治療の終了近くで、「べき」思考に振り回されることもなくなり、「母親のことは、頼ってきたし、反発もしてきた。最近は仕事でも自分でやれることをすればよいと思えるし、親とも距離を取っていられるようになった。楽になったと思う」と述べました。そして「自分の家族と楽しんで時間を過ごせるようになった。このようなときが来るとは思いもよらなかった……」と感慨深げに語りました。そこで初めて、自分を縛っていた「べき」思考（「理想の自己」）から自由になりました。そして小学生時代は、いたずらで活発な、そして世話好きな男の子であったことを思い出しました。Bさん本来の子どもの心が、大人の知恵と結びついて人生のさまざまな局面で表現されるようになりました。

6　治ることについて

三つの段階

森田は治ることについて、三つの段階を想定しています。

第一段階は、

「気分の悪いまま、こらえて働く」これができ出したら、修養の程度でいえば小学卒業というところです。

（「第五十六回形外会」『森田正馬全集第五巻』白揚社、一九三一／一九七五年）

つまり、不安を持ちながら、目の前のことに取り組むという森田療法の治療原則をある程度身につけた段階です。症状をめぐることが治療のテーマになっている段階で、「行動の変容」が少しずつ身についてきた時期であります。

この段階では頑なな「理想の自己」（「べき」思考）は少々ゆるんだ程度で、人生上の出来事、他者との葛藤から、後戻りすることも多々あり得ます。しかしそこで踏みとどまって、目の前のことに入り込み、そこで工夫し、それなりの充実感を感じることができれば、次第に第二段階に進むことができます。

第二段階は、

「気分の悪い時は、いやなものである。また気分のよい時は、朗らかなものである」という事実をそのままに認める事は、諸行無常という事実を認めると同様であって、この程度が中学卒業に相当する。

このように「事実唯真」の動かすべからざる事を知れば、いまさらいやなものを朗らかにしたり、無常を恒常のものに見替えたり、相対を絶対にしたりする不可能な精神葛藤がなくなるから、ただそれだけで非常に安楽である。

（第五十六回形外会）

この時期は、自己をめぐることが治療のテーマとなり、現実の自己をありのままに受け入れることができていく段階です。今まで述べてきた「受容の促進」がある程度達成された局面であります。

それと共に、生きる力（生の欲望）が行動と連動し、自分自身をありのままに生かしていくことが可能となります。そして、悩む人の内面にそのことが確かに取り入れられるように援助する、すなわち面接で確認し合う段階に移行していきます。ここで通常治療は終了します。臨床的には治った状態です。

この治ることに関して、高良が重要な指摘をしています。

> 対人恐怖症がなおれば、対人関係において抵抗感や窮屈な思いがまったくなくなるものと思っている人がいることである。これは、正常人として、ある程度の対人恐怖的心理はわれわれの生活のうえで必要なものであり、恐怖症がなおってもこれがまったくなくなるわけではない。……対人恐怖症がなおるというのは、対人恐怖的とらわれがなくなるということであって、人間性としてあるべき対人的配慮や、ある程度の対人的緊張感などがまったくなくなることを意味するのではない。（高良武久『森田療法のすすめ』白揚社、二〇〇〇年）

人は当然、その人の本来の資質によって、時にはらはらびくびくしながら、生活するのであり、それがその人としての個性ともなり、持ち味となるのです。こういった対人恐怖的心理も現実の自分なのだと受け入れていくことができるのが、第二段階です。

そして第三段階として森田が言うには、

この苦楽の評価の拘泥を超越して、ただ現実における、我々の「生命の躍動」そのものになりきって行く事ができれば、それが大学卒業程度のものでもあろうか。「善悪不離・苦楽共存」とかいうのもこの事である。(第五十六回形外会)

世の中の現実で、誰もが人並みにそうやっているところの「苦しいままに働く」、それが小学程度、次に「苦しい事はいやである」そのままの事実を認識するのが中学程度、さらに「いやとか好きとかの名目を超越した」のが大学程度である。(第五十六回形外会)

第三段階は、「べき」思考に基づくやりくりを抜けて、その世界そのものを経験し、行動していけるようになる実存的段階です。その時々の人生の流れに任せて、自在に生きる時期です。これはいわば理想型に近く、臨床的な治癒像ではないでしょう。

最終段階ともいえる実存的段階は、死と生の問題に直面した人たち、あるいは人生の中年期から晩年にかけて時にはつかむことができる境地であろうと思われます。

また重要なことですが、この第一段階から第三段階までは固定したものではなく、その人のライフサイクル、置かれた状況により、変化していきます。

治ることは、元の位置に戻ることではありません。

「精神に関する療法では、『痕跡なく』、『完全に』、『元通りに』なることはまずありえない」（新福尚武「心理療法（五）」『異常心理学講座第三巻』みすず書房、一九六八年）のです。

治ることは変化する

治ることは、固定的な境地でのものではないと述べました。この点に関して、森田が主宰していた形外会の会長を、発足当時（一九二九年）から務めていた香取修平氏の発言を見てみましょう。その当時すでに香取氏は中年期であり、森田が見込んだ人ゆえ、治るレベルは、森田のいういわゆる中学、あるいは大学卒業のレベルに達した人と思われます。

形外会での〝治る〟をめぐっての話し合いで、香取氏は率直に自分の状態を告白します。

香取　私に、もう一つ治らないところがあります。それは気分が悪く気がクサクサしてくると、どうにも仕事に手がつかなくなる。

商売の事で、ちょっと手違いでもあると、今にも全財産を失って、ルンペンになるような恐怖に襲われるんですな。

女中の紅茶の入れ方が悪かったというような、ちょっとした事が、癪にさわって、三時間も四時間も、不愉快な気持が治らない事があります。

森田　気分が悪い時、実際には、貴方はどうしますか。

香取　どうにもしかたがないから、そのままで、我慢してやるんですな。

森田　その通り。それで上等です。その「気分の悪いまま、こらえて働く」これができ出したら、修養の程度でいえば小学卒業というところです。それは貴方が入院した時、初めに習った事ではありませんか。

香取　その通りです。また一等初めに逆もどりしたわけですな。（笑）

（第五十六回形外会　敬称略）

私は香取氏の飾らない率直な自己開示に感銘を受けました。

このように、治ったといってもその状態、心の態度は人生上の出来事でゆれ、それを乗り越え、さらに自覚が深まっていくものと考えられます。

治ることは、決して固定的ではありません。それは香取氏のように、人生上のさまざまな出来事に遭遇して時には第一段階に戻り、それを乗り切ることにより再び第二段階に、さらには第三段階へと進むのです。そしてそれがまた振り出しに戻ることもあるのでしょう。常に流動的です。

再発の恐れがない根治とは

森田は死の恐怖について晩年（五七歳）の頃にこのようなことを述べています。


死は恐ろし。恐れざらんとするも、得べからず。

得がたき慾望は、あきらめられず。あきらめらるるものは、そは慾望にあらざるなり。

（中略）

死を恐るるは、生きたきがためなり。生きんがためにこそ、死をも忘る。生きる慾望なきもの、何ぞ死を恐るるの用あらんや。

（「生の欲望」『森田正馬全集第七巻』）

「死の恐怖」から自由になった森田は、堰を切ったように今までの経験を書いていきます。この死の恐怖の受容（「べき」思考の転換）が森田の主体的行為、創造性（生の欲望）を引き出していきました。森田が明確に「生の欲望」を自覚し、それを治療の中核にすえるようになったのは、森田の死線をさまよう大病と最愛の息子を亡くすという悲痛な喪失体験を通してでした。それらについては、すでに述べましたので繰り返しません。

人は、このような苦悩に満ちた経験の後も、それを受け入れることによって成長していくことができる、ということを森田はその生きざまから示しました。喪失などの悲痛な経験は、人生の絶望、傷つき体験のみならず、それをありのままに受け入れることによって、「喪失後の成長」をもたらすのです。

森田はいいます。

ここの療法で、その症状だけは、単に苦痛もしくは恐怖そのものになりきる事によって、治る事ができるけれども、これが根治するのに、さらに欲望と恐怖との調和を体得する事が必要であります。

（第十二回形外会）

森田は、死の恐怖を受け入れ、それになりきることで症状から解放されるということをここで述べています。これは森田の言う「気分の悪いまま、こらえて働く」という小学校の段階の治り方です。ですが、さらにこれを根治といわず、再発の恐れがない根治とは次のようなことが必要だ、と森田は言います。

それは「死の恐怖」と「生の欲望」のダイナミックな調和をそのまま生活世界の中で体験することです。生活世界に関わりながら、そこで感じていく苦悩、すなわち死の恐怖をありのままに受け入れていくことと、生きる力（生の欲望）を実感しそれを行動的に発揮していくこととの、関係の中で私たちが生きていくことです。

恐怖はそのまま恐怖になりきるしかなく、それと同時にわれわれの欲望はつきることなく、またそれをあきらめることはできないのです。この二つの事実が森田の治療論の中心的概念です。

回復の道すじ

現代の精神医学では、悩みの原因が探求され、それに見合った治療法という考え方が一般的です。いま人の悩みの原因を探るために、さまざまな生物学的、心理学的研究がなされ、その原因に基づいた薬物療法、精神療法が提唱されています。それはあまりにも原因探索的で、私たちが病から回復する共通のプロセスについての注意はおろそかになっていると言わざるを得ません。

しかし、人が人生で遭遇する生老病死という苦悩ゆえに悩んでいると理解すれば、その原因がどうであれ、人の回復のプロセスは共通の構造、あるいは共通のストーリーを持つだろうと思われます。

この回復変化を最後に簡単にまとめておきましょう。

プロセス1――人生の危機と悪循環

私たちは、生きるに当たってさまざまな人生上の危機に遭遇します。このような事態に出会うと、私たちは必然的に第二章で示した逆三角形の生き方となってしまいます。そして不快な心身の反応を呈するようになるのです。この反応は自分のあり方が過度に緊張した逆三角形になっているよ、という警告でもあるのですが、人はそれを症状と呼び、この症状を目の敵にしてしまいます。症状をあってはならないものと認識し、それと闘い、取り除こうとする心の態度ゆえに、それが苦痛に満ちた耐えがたい経験となります。それが、とらわれることであり、悪循環と呼ばれるものなのです。

この悪循環は、症状をめぐってばかりでなく、私たちの生活活動と対人関係そのものを巻き込んでいきます。これが長引く苦悩を作っていきます。

プロセス2――行き詰まりと転機

悪循環が続くこの生き方は必ず行き詰まりをもたらします。自己の状態は、さらに極度な逆三角形となってしまいます。自殺も含めた、さまざまな問題行動が起こってくるのはこのときです。

しかし一方では、この行き詰まったという感覚は、今までと違った生き方を必要とするのではないか、という私たちの感覚を育てていきます。つまり、危機は絶望の淵に私たちを追いやりますが、重要な転機ともなるものです。

プロセス3――限界を知る

それが次の回復のステップである、諦念（あきらめ）につながります。

ここでの諦念（あきらめ）とは、私たちの人生上の苦悩やそれに伴う心身の不快な反応は取り除くことはできないもの、とあきらめ、受け入れることとです。私たちの人生には「できないこと」や、「自己の欲するがままにならないこと」があるのだ、という限界を知るのです。この認識から苦悩と一緒にいられる心が育ってきます。それと共に、ここがとても重要なことですが、その人固有の生きる力（生の欲望）が感じられるようになり、発揮しやすくなるのです。
　頭でっかちな「理想の自己」を削り、小さくなった「現実の自己」（身体や内的自然〈生命／生きる力〉）をふくらます作業に取り組めるようになります。逆三角形の自己のあり方から、自然な三角形の自己のあり方への転換が可能となっていきます。回復が始まります。

プロセス4――「あるがまま」に生きる

　苦悩を苦悩として、価値づけせず、受け入れていくしかないという「受容の促進」を、深い情緒的レベルで体験すること、言い換えれば人生の無常を知ることを可能とします。それがまた逆に、私たちの固有の欲望には底がない、それにしがみついて生きるしかない、という生のあり方を発見することを可能とします。ときに落ち込みながら、人のことを気にしながら、素直な生きる欲望に乗って生きていくことができるようになります。

　この四つのプロセスを通して実現されるのが、「あるがまま」に生きることです。そこにその人の持ち味が出てくるのです。これが苦悩からの回復であり、苦悩を通した成長です。

あとがき

講談社現代新書には岩井寛先生の不朽の名著『森田療法』（一九八六年）があります。岩井先生は、私が一九七〇年に慈恵医大精神医学教室に入局し、精神医学を学び始めたときに、外来で精神療法の手ほどきをしてくれた先生です。当時から精神療法のみならず、美学、病跡学《びようせき》（傑出した人の生涯をたどりながら、病と創造性について精神医学的に研究するもの）など幅広い領域にその才能を発揮していたまぶしい存在でした。

その岩井先生が死に直面する事態になりました。腹腔内腫瘍が全身に転移したのです。その病とそれに伴う様々な苦悩をありのままに受け入れ、先生固有の生きる力（生きる欲望）を発揮して書かれたのが、先述の『森田療法』です。ここには岩井先生のあるがままの生き方、そして死にざまがそのまま反映された人間理解が述べられています。それゆえ多くの人たちの心をとらえたのでしょう。

今回上梓する拙書『はじめての森田療法』では少し視点を変えて、森田正馬の生と死や森田療法のキーワードなどから、森田療法とはどのようなものなのかについて説明しました。そして、さらに「あるがまま」に至る現在の治療プロセスを具体的に解説しました。この部分は、私の臨床的感覚をできるだけ平易な言葉にするように心がけました。難しい作業でしたが、一方であらためて森田療法の魅力を見つけ出す楽しみもありました。

最後に、今日本でもてはやされているマインドフルネスという用語について見解を述べたいと思います。

マインドフルネスという魅力的な用語は、アメリカで新たな装いをもって命名され、Google社が導入したことでも話題になりました。そして日本でも大きな関心を生み、それらに関する図書が多数翻訳され、その実践も報告されています。

しかしこの用語が新しい概念のように無条件で取り入れられることに対して、私は懸念を抱いています。

マインドフルネスそれ自体は、上座部仏教の実践の一つである瞑想法であり、東洋的、あるいは仏教圏内に属する人間理解や気づきの実践法です。マインドフルネスとは、パーリ語の「sati」（気づき）の訳です。その気づきを、スリランカの僧侶、グナラタナは次のように定義します。

気づきとは、ありのままに観察することです。ありのままに観察するとは、物事を歪めることなく、あるがままに気づくということです。あるがままとは無常・苦・無我の真理です。（バンテ・H・グナラタナ〔出村圭子訳〕『マインドフルネス　気づきの瞑想』サンガ、二〇一二年）

これを読まれた方は、すぐに森田療法の「あるがまま」について連想するでしょう。二〇一五年一一月八日に行われた東大での公開講座「日本文化と心理療法―禅やマインドフルネスとの関連に注目して」も多くの反響がありました。そこでは禅、森田療法、内観療法などが取り上げられ、私も「マインドフルネス、あるがまま、そして森田療法」というテーマで話しました（北西憲二「マインドフルネスとあるがまま」『精神療法』第四二巻四号に収録）。

マインドフルネスには少々静的な印象を受けます。マインドフルネスは、今ここでの体験への関わりにのみ焦点が当たっています。私たちの悩み、苦悩をそのまま受け入れていくことのみに注意を払っているようです。体験をありのままに受け入れるにはどのようなことが行われなければならないのか、そしてそれがなされたときに、どのような心理的、行動的変化が起こってくるのか、について十分に述べられているとは言いがたいと思います。いわば「あるがまま」の一面、一部分であり、それでは片手落ちだと考えています。

苦悩を苦悩として受け入れたときに、何が起こるのでしょうか。ここまで述べてきたように、森田療法でいう生の欲望（生きる力）が実感されてくるのです。その生きる力を日常生活の中で、作業、活動として発揮することが、自らの生き方を作ることであり、「あるがまま」の別の側面です。「知行合一」、つまりこの行動があってこそ完結するのであり、「あるがまま」という考えは、「気づき」に単純化できるものではなく、よりダイナミックなものです。

日本独自の精神療法である森田療法は、禅、浄土真宗などの仏教の人間理解、さらに広くいうならば、東洋における人間理解から影響を受けており、そこにはすでにマインドフルネスの人間理解を内包しています。

ではなぜ今、大国アメリカでマインドフルネスがブームになっているのでしょうか。それは私の独断で言えば、科学的思考万能の文明が行き詰まったのではないのか、ということです。思考万能とは、すでに本書で述べてきたように、頭でっかちな自己意識が身体、内的自然を支配し、優位に立っている自己のあり方といえます（図二、P97）。

マインドフルネスは、そのような科学的思考の行き詰まりを埋めるものとして注目されたのではないでしょうか。

マインドフルネスの流行現象は、分断されているように見える思考と身体、内的自然を再び結ぶものであり、それ自体がきわめて私たちの心の健康や苦悩からの回復に重要であることを物語っているように思います。そしてこのような思考が肥大した自己のあり方は決してアメリカだけではなく、現代の日本にも共通し、それゆえマインドフルネスが求められているのです。

マインドフルネスの思想も含めた、もっと大きな知が森田療法です。ここにも、森田療法が現代でも意味を持ち続けられる根拠が見えるのではないでしょうか。


私たちの人生、現実は予測不能です。生きることは、悩むことでもあります。そして悩むことには意味があるのです。悩みなくして、成長なく、自分としての固有の自然な生き方をつかむことはできません。

このような視点から読者のみなさんが自分の悩みの意味を理解し、本書が自分本来の自然な生き方「あるがまま」の生き方をつかむ上でのヒントになってもらえれば、私にとって望外の喜びです。

また本書の出版に関しては、講談社の堀沢加奈さん、坂本瑛子さんに的確な助言とサポートをいただきました。末尾ながら、心から感謝いたします。

平成二八年五月　北西憲二

講談社現代新書　2385

はじめての森《も》田《た》療《りょう》法《ほう》

二〇一六年八月二〇日第一刷発行

著　者　北《きた》西《にし》憲《けん》二《じ》　

発行者　鈴木　哲

発行所　株式会社講談社

東京都文京区音羽二丁目一二―二一　郵便番号一一二―八〇〇一

電　話　〇三―五三九五―三五二一　編集（現代新書）

〇三―五三九五―四四一五　販売

〇三―五三九五―三六一五　業務

装幀者　中島英樹

印刷所　凸版印刷株式会社

製本所　株式会社大進堂

定価はカバーに表示してあります　Printed in Japan

N.D.C. 493.72　212p　18cm

ISBN978-4-06-288385-6

「講談社現代新書」の刊行にあたって

教養は万人が身をもって養い創造すべきものであって、一部の専門家の占有物として、ただ一方的に人々の手もとに配布され伝達されうるものではありません。

しかし、不幸にしてわが国の現状では、教養の重要な養いとなるべき書物は、ほとんど講壇からの天下りや単なる解説に終始し、知識技術を真剣に希求する青少年・学生・一般民衆の根本的な疑問や興味は、けっして十分に答えられ、解きほぐされ、手引きされることがありません。万人の内奥から発した真正の教養への芽ばえが、こうして放置され、むなしく滅びさる運命にゆだねられているのです。

このことは、中・高校だけで教育をおわる人々の成長をはばんでいるだけでなく、大学に進んだり、インテリと目されたりする人々の精神力の健康さえもむしばみ、わが国の文化の実質をまことに脆弱なものにしています。単なる博識以上の根強い思索力・判断力、および確かな技術にささえられた教養を必要とする日本の将来にとって、これは真剣に憂慮されなければならない事態であるといわなければなりません。

わたしたちの「講談社現代新書」は、この事態の克服を意図して計画されたものです。これによってわたしたちは、講壇からの天下りでもなく、単なる解説書でもない、もっぱら万人の魂に生ずる初発的かつ根本的な問題をとらえ、掘り起こし、手引きし、しかも最新の知識への展望を万人に確立させる書物を、新しく世の中に送り出したいと念願しています。

わたしたちは、創業以来民衆を対象とする啓蒙の仕事に専心してきた講談社にとって、これこそもっともふさわしい課題であり、伝統ある出版社としての義務でもあると考えているのです。

一九六四年四月　野間省一

心理・精神医学

331 異常の構造――木村敏
590 家族関係を考える――河合隼雄
725 リーダーシップの心理学――国分康孝
824 森田療法――岩井寛
1011 自己変革の心理学――伊藤順康
1020 アイデンティティの心理学 鑪幹八郎
1044 〈自己発見〉の心理学 国分康孝
1241 心のメッセージを聴く 池見陽
1289 軽症うつ病――笠原嘉
1348 自殺の心理学――高橋祥友
1372 〈むなしさ〉の心理学 諸富祥彦
1376 子どものトラウマ――西澤哲

1465 トランスパーソナル心理学入門――諸富祥彦
1625 精神科にできること 野村総一郎
1752 うつ病をなおす――野村総一郎
1787 人生に意味はあるか 諸富祥彦
1827 他人を見下す若者たち 速水敏彦
1922 発達障害の子どもたち――杉山登志郎
1962 親子という病――香山リカ
1984 いじめの構造――内藤朝雄
2008 関係する女 所有する男――斎藤環
2030 がんを生きる――佐々木常雄
2044 母親はなぜ生きづらいか――香山リカ
2062 人間関係のレッスン 向後善之
2076 子ども虐待――西澤哲

2085 言葉と脳と心――山鳥重
2090 親と子の愛情と戦略 柏木惠子
2101 〈不安な時代〉の精神病理――香山リカ
2105 はじめての認知療法――大野裕
2116 発達障害のいま――杉山登志郎
2119 動きが心をつくる――春木豊
2121 心のケア――加藤寛 最相葉月
2143 アサーション入門――平木典子
2160 自己愛な人たち――春日武彦
2180 パーソナリティ障害とは何か――牛島定信
2211 うつ病の現在――佐古泰司 飯島裕一
2231 精神医療ダークサイド 佐藤光展
2249 「若作りうつ」社会――熊代亨

哲学・思想Ⅰ

66 哲学のすすめ——岩崎武雄
159 弁証法はどういう科学か　三浦つとむ
501 ニーチェとの対話——西尾幹二
871 言葉と無意識——丸山圭三郎
898 はじめての構造主義　橋爪大三郎
916 哲学入門一歩前——廣松渉
921 現代思想を読む事典　今村仁司 編
977 哲学の歴史——新田義弘
989 ミシェル・フーコー　内田隆三
1001 今こそマルクスを読み返す　廣松渉
1286 哲学の謎——野矢茂樹
1293 「時間」を哲学する——中島義道

1315 じぶん・この不思議な存在——鷲田清一
1357 新しいヘーゲル——長谷川宏
1383 カントの人間学——中島義道
1401 これがニーチェだ——永井均
1420 無限論の教室——野矢茂樹
1466 ゲーデルの哲学——高橋昌一郎
1575 動物化するポストモダン　東浩紀
1582 ロボットの心——柴田正良
1600 ハイデガー＝存在神秘の哲学——古東哲明
1635 これが現象学だ——谷徹
1638 時間は実在するか　入不二基義
1675 ウィトゲンシュタインはこう考えた　鬼界彰夫
1783 スピノザの世界——上野修

1839 読む哲学事典——田島正樹
1948 理性の限界——高橋昌一郎
1957 リアルのゆくえ——大塚英志 東浩紀
1996 今こそアーレントを読み直す——仲正昌樹
2004 はじめての言語ゲーム——橋爪大三郎
2048 知性の限界——高橋昌一郎
2050 超解読！　はじめてのヘーゲル『精神現象学』　竹田青嗣 西研
2084 はじめての政治哲学　小川仁志
2099 超解読！　はじめてのカント『純粋理性批判』　竹田青嗣
2153 感性の限界——高橋昌一郎
2169 超解読！　はじめてのフッサール『現象学の理念』——竹田青嗣
2185 死別の悲しみに向き合う——坂口幸弘
2279 マックス・ウェーバーを読む——仲正昌樹

哲学・思想Ⅱ

政治・社会

1145 冤罪はこうして作られる　小田中聰樹
1201 情報操作のトリック　川上和久
1488 日本の公安警察──青木理
1540 戦争を記憶する──藤原帰一
1742 教育と国家──高橋哲哉
1965 創価学会の研究──玉野和志
1969 若者のための政治マニュアル──山口二郎
1977 天皇陛下の全仕事──山本雅人
1978 思考停止社会──郷原信郎
1985 日米同盟の正体──孫崎享
2053 〈中東〉の考え方──酒井啓子
2059 消費税のカラクリ──斎藤貴男

2068 財政危機と社会保障──鈴木亘
2073 リスクに背を向ける日本人　山岸俊男　メアリー・C・ブリントン
2079 認知症と長寿社会──信濃毎日新聞取材班
2110 原発報道とメディア──武田徹
2112 原発社会からの離脱　宮台真司　飯田哲也
2115 国力とは何か──中野剛志
2117 未曾有と想定外──畑村洋太郎
2123 中国社会の見えない掟　加藤隆則
2130 ケインズとハイエク　松原隆一郎
2135 弱者の居場所がない社会　阿部彩
2138 超高齢社会の基礎知識　鈴木隆雄
2149 不愉快な現実──孫崎享
2152 鉄道と国家──小牟田哲彦

2176 JAL再建の真実──町田徹
2181 日本を滅ぼす消費税増税──菊池英博
2183 死刑と正義──森炎
2186 民法はおもしろい──池田真朗
2197 「反日」中国の真実──加藤隆則
2203 ビッグデータの覇者たち──海部美知
2232 やさしさをまとった殲滅の時代　堀井憲一郎
2246 愛と暴力の戦後とその後──赤坂真理
2247 国際メディア情報戦──高木徹
2276 ジャーナリズムの現場から　大鹿靖明 編著
2294 安倍官邸の正体──田﨑史郎
2295 福島第一原発事故 7つの謎　NHKスペシャル『メルトダウン』取材班
2297 ニッポンの裁判──瀬木比呂志

経済・ビジネス

350 経済学はむずかしくない〈第2版〉――都留重人
1596 失敗を生かす仕事術 畑村洋太郎
1624 企業を高めるブランド戦略――田中洋
1641 ゼロからわかる経済の基本――野口旭
1656 コーチングの技術――菅原裕子
1695 世界を制した中小企業 黒崎誠
1926 不機嫌な職場――高橋克徳 河合太介 永田稔 渡部幹
1992 経済成長という病――平川克美
1997 日本の雇用――大久保幸夫
2010 日本銀行は信用できるか 岩田規久男
2016 職場は感情で変わる 高橋克徳
2036 決算書はここだけ読め！――前川修満
2061 「いい会社」とは何か 小野泉 古野庸一
2064 決算書はここだけ読め！キャッシュ・フロー計算書編 前川修満
2078 電子マネー革命――伊藤亜紀
2087 財界の正体――川北隆雄
2091 デフレと超円高――岩田規久男
2125 ビジネスマンのための「行動観察」入門 松波晴人
2128 日本経済の奇妙な常識 吉本佳生
2148 経済成長神話の終わり アンドリュー・J・サター 中村起子 訳
2151 勝つための経営――畑村洋太郎 吉川良三
2163 空洞化のウソ――松島大輔
2171 経済学の犯罪――佐伯啓思
2174 二つの「競争」――井上義朗
2178 経済学の思考法――小島寛之
2184 中国共産党の経済政策 柴田聡 長谷川貴弘
2205 日本の景気は賃金が決める 吉本佳生
2218 会社を変える分析の力 河本薫
2229 ビジネスをつくる仕事 小林敬幸
2235 20代のための「キャリア」と「仕事」入門――塩野誠
2236 部長の資格――米田巖
2240 会社を変える会議の力 杉野幹人
2242 孤独な日銀――白川浩道
2252 銀行問題の核心――江上剛 郷原信郎
2261 変わった世界 変わらない日本――野口悠紀雄
2267 「失敗」の経済政策史 川北隆雄
2300 世界に冠たる中小企業 黒崎誠
2303 「タレント」の時代――酒井崇男

日本史

1258 身分差別社会の真実——斎藤洋一 大石慎三郎
1265 七三一部隊——常石敬一
1292 日光東照宮の謎——高藤晴俊
1322 藤原氏千年——朧谷寿
1379 白村江——遠山美都男
1394 参勤交代——山本博文
1414 謎とき日本近現代史 野島博之
1599 戦争の日本近現代史 加藤陽子
1648 天皇と日本の起源 遠山美都男
1680 鉄道ひとつばなし——原武史
1702 日本史の考え方——石川晶康
1707 参謀本部と陸軍大学校 黒野耐
1797 「特攻」と日本人——保阪正康
1885 鉄道ひとつばなし2——原武史
1900 日中戦争——小林英夫
1918 日本人はなぜキツネにだまされなくなったのか 内山節
1924 東京裁判——日暮吉延
1931 幕臣たちの明治維新 安藤優一郎
1971 歴史と外交——東郷和彦
1982 皇軍兵士の日常生活 一ノ瀬俊也
2031 明治維新 1858-1881 坂野潤治 大野健一
2040 中世を道から読む——齋藤慎一
2089 占いと中世人——菅原正子
2095 鉄道ひとつばなし3——原武史
2098 戦前昭和の社会 1926-1945——井上寿一
2106 戦国誕生——渡邊大門
2109 「神道」の虚像と実像 井上寛司
2152 鉄道と国家——小牟田哲彦
2154 邪馬台国をとらえなおす——大塚初重
2190 戦前日本の安全保障——川田稔
2192 江戸の小判ゲーム——山室恭子
2196 藤原道長の日常生活 倉本一宏
2202 西郷隆盛と明治維新 坂野潤治
2248 城を攻める 城を守る——伊東潤
2272 昭和陸軍全史1——川田稔
2278 織田信長〈天下人〉の実像 金子拓
2284 ヌードと愛国——池川玲子
2299 日本海軍と政治——手嶋泰伸

自然科学・医学

知的生活のヒント

L

趣味・芸術・スポーツ

日本語・日本文化